同轴共熔池双面焊工艺与热力传输效应

强伟　著

U0301386

中国石化出版社

内 容 提 要

本书以多热源协同焊接技术的细分领域——同轴共熔池双面焊接工艺方法为主体,从同轴共熔池双面焊接的研究历史与现状出发,系统性地论述了该方法的工艺特征、热量分布与传输机制、熔透模式与电弧-熔池行为、熔池流动与电弧力变化规律,最后讨论了典型焊缝的组织性能评定。

本书可供从事多热源协同焊接技术人员,尤其是双面双弧焊接的科研人员使用,也可供相关专业院校师生参考。

图书在版编目(CIP)数据

同轴共熔池双面焊工艺与热力传输效应 / 强伟著.
—北京:中国石化出版社,2019.10
ISBN 978-7-5114-5535-2

Ⅰ.①金… Ⅱ.①强… Ⅲ.①焊接熔池-焊接工艺
Ⅳ.①TG434②TG444

中国版本图书馆 CIP 数据核字(2019)第 209918 号

未经本社书面授权,本书任何部分不得被复制、抄袭,或者以任何形式或任何方式传播。版权所有,侵权必究。

中国石化出版社出版发行

地址:北京市东城区安定门外大街 58 号
邮编:100011 电话:(010)57512500
发行部电话:(010)57512575
http://www.sinopec-press.com
E-mail:press@ sinopec.com
北京富泰印刷有限责任公司印刷
全国各地新华书店经销
*
710×1000 毫米 16 开本 10.5 印张 202 千字
2019 年 11 月第 1 版 2019 年 11 月第 1 次印刷
定价:62.00 元

前言 Preface

　　双面双弧焊(Double-sided Arc Welding, DSAW)是近年来出现的一种高效率、低能耗、大熔深、小变形的焊接技术，具体指采用同种或异种热源在待焊工件两侧进行协同焊接的新方法。该技术可以较好地平衡效率、能耗、熔深与质量之间的关系，尤其在控制焊接变形方面效果突出，因此已在船舶、石化、核电、海洋工程、航空航天等领域获得大量应用，取得了卓著的成效。根据双弧作用位置，DSAW 可分为同轴(对称)DSAW 与非同轴(非对称)DSAW。若双弧关于工件完全对称，则称之为同轴 DSAW；在双弧错开一定距离，则称为非同轴 DSAW。在工件熔透的情况下，同轴 DSAW 两侧电弧合二为一，形成"共熔池"现象。然而 DSAW 目前的应用还比较粗放，缺乏对热、力、流动行为的深入理解与精细调控，原因是相关的理论研究较为匮乏，缺少成熟的理论体系指导。

　　铝合金和高氮钢在工业领域有巨大的应用市场，对其焊接性的研究具有重要的工程意义和实用价值。"5083"属于不可热处理强化铝镁系合金，强度中等，切削性和焊接性良好，耐蚀性优异，广泛应用于汽车、船舶、飞机、高铁等领域，尤其是其作为超(特)高压输电 GIL管的主体结构材料，拥有其他材料无可比拟的优势。高氮奥氏体不锈钢(高氮钢)作为近年来引发学术界关注的一种高强高韧的新型结构材料，在海洋工程、兵器装备、石油化工等领域应用潜力巨大。高氮钢(High Nitrogen austenitic stainless Steel, HNS)是以氮元素部分或全部替代传统奥氏体不锈钢中的镍元素以获得全奥氏体组织，含氮量一般高于 0.4%，其优异的力学性能主要得益于添加元素——氮。氮可以扩大奥氏体相区，并在提高不锈钢强度的同时仍保持良好的韧性。另外，由于氮获取方便，以氮代镍可大幅降低奥氏体不锈钢的冶炼成本。然而，高氮钢焊接时易出现氮元素流失、氮气孔或热裂纹等问题，导致性能下降，极大地限制其工业化应用。

基于以上，本书以同轴共熔池双面 TIG 焊（Coaxial Co-molten-pool Double-Sided Tungsten inert gas Welding，CC-DSTW）为研究对象，以铝合金（交流焊）和高氮钢（直流焊）为试验材料，针对 CC-DSTW 的双弧作用机制、熔池热/力行为、凝固成形机理、组织性能特征展开多角度分析与论述。

本书共分为 6 章。第 1 章主要介绍 DSAW 技术的发展历史与研究现状，第 2 章讨论 CC-DSTW 的工艺特性。在此基础上，第 3 章用数值模拟的方法揭示 CC-DSTW 的传热机制，第 4 章论述 CC-DSTW 的熔透模式与电弧-熔池行为特征及影响因素，第 5 章从静力学角度分析 CC-DSTW 的熔池流动行为及电弧力变化规律。最后，第 6 章介绍铝合金与高氮钢 CC-DSTW 焊缝的组织性能评定。

本书通过对同轴共熔池双面 TIG 焊工艺方法的系统论述与分析，有助于深入理解 CC-DSTW 的热源协同作用、传热传质行为与性能调控机制，提高学术界对高效经济的多热源协同焊接技术的关注，丰富多热源组合焊接的研究内涵，为该工艺的研究与应用提供必要的理论基础与技术支撑。

本书获西安石油大学优秀学术著作出版基金的资助，在写作过程中得到了南京理工大学王克鸿教授的悉心指导与大力支持，部分试验数据来自南京理工大学材料加工工程实验室，在此表示感谢。

由于作者水平有限，书中难免出现疏漏或表述不当之处，敬请各位读者批评指正。

目录 Contents

1 绪 论

制造业是国民经济的主体，乃立国之本、兴国之器、强国之基。焊接作为实现材料永久连接的重要手段已渗透于制造业的各个领域。电弧焊仍是目前应用最广泛的焊接技术，采用多电弧热源协同焊接既可保持弧焊成本低廉、适应性强的优势，又可提高焊接质量与效率，是当前的研究热点之一。双面双弧焊是双热源协同焊的经典案例，其突出优势是可大幅提高焊缝熔深，简化工艺流程，提高生产效率，降低成本，易于实现自动化。本章将对双面双弧焊这一高效焊接方法的历史沿革与发展现状做详细阐述。

1.1 双面双弧焊的特点

双面双弧焊（Double-Sided Arc Welding，DSAW）的概念有广义和狭义之分。从广义上讲，DSAW 是采用两种任意焊接热源在工件两侧同时施焊的焊接方法；从狭义上讲，DSAW 单指采用两种电弧热源在待焊工件两侧同时施焊的工艺方法。本书采用的是广义的双面双弧焊概念表述，所以论述过程中也囊括了激光-电弧双面焊接技术。

单面弧焊相比，DSAW 主要有以下特点：

① 大幅提高熔透能力，增加接头深宽比，降低焊接变形。

② 简化传统焊接工序，优化传统工艺（加工双 Y 形或 X 形坡口——A 面填丝焊接——翻转工件——B 面清根——B 面填丝焊接）为高效的一体化工艺，省去了加工坡口、翻转工件、电弧气刨清根等一系列繁复的操作，综合效率可提高至原工艺的 20 倍以上，成本降低为原工艺的 1/5~1/7。

③ 与传统单面焊工艺相比，DSAW 工艺流程简便，更易于实现自动化；与激光、电子束等其他高效焊接方法相比，设备成本较低。

DSAW 根据双弧位置可分为同轴 DSAW 与非同轴 DSAW；按照焊接位置可分为双面平-仰焊，双面立焊、双面横焊和双面全位置焊；按照电源数量可分为单电源型 DSAW 和双电源型 DSAW。以下从电源数量分类出发，分别介绍国内外单电源和双电源型 DSAW 的研究情况。

1.2　单电源型 DSAW 研究动态

单电源型 DSAW 是由美国 Kentucky 大学张裕明教授于 1998 年首次提出的，其优势在于显著提高焊接熔深，实现薄板及中厚板 I 形坡口一次对接成形，同时减小热输入。焊接原理如图 1-1 所示，等离子(Plasma Arc Welding, PAW)焊枪和 TIG 焊枪对称分布于工件上下两侧，变极性 PAW 焊接电源正负极各连接一把焊枪，焊接时双弧以相同速度沿焊接方向运动。单电源型 DSAW 的提出具有里程碑式的意义，引起了学者们对传统电弧焊技术改革创新的极大兴趣，张裕明后来还提出旁路分流电弧焊，在减小母材热输入的同时不改变焊丝的熔化速率，适用于薄板或对热输入敏感的材料焊接，也对电弧焊技术的发展产生了深远的影响。张裕明等发现 DSAW 存在小孔焊模式，小孔 DSAW 可大幅提高焊缝的深宽比，相比常规 PAW 热输入减少 70%，通过 DSAW 传感控制系统的调控，可一次性焊透 13mm 的试板。随后的几年里，DSAW 工艺被用于厚度 4~13mm 的铝合金、高强钢、不锈钢等多种材料的焊接试验研究，均取得了良好的效果。

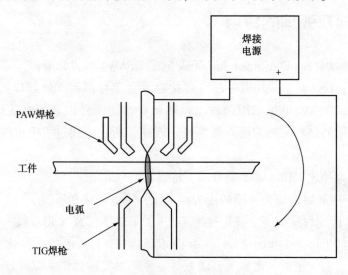

图 1-1　单电源型 DSAW 系统

加拿大滑铁卢大学的 Y. Kwon 和 Moulton J A 等对 1.2mm AA5182 铝合金开展交流 PAW-TIG 试验，获得的接头组织以细小等轴晶为主，且比例随着焊接速度的增大而增加，该工艺焊接热量集中，阴极清理效果显著，焊缝熔合比较大。

加拿大的 S. M. Chowdhury 等对比研究了 AZ31B 镁合金 DSAW 和搅拌摩擦焊(Friction Stir Welding, FSW)的拉伸性能与加工硬化行为，焊缝成形如图 1-2 所示。结果表明，AZ31B 的 DSAW 焊缝抗拉强度和断后伸长率均高于 FSW，但屈服强度低于 FSW；DSAW 接头的应变硬化能力优于 FSW，达到母材的 2 倍。哈尔滨工业大学高洪明等对双面 TIG 焊电流密度分布进行了数值模拟，模拟结果如图 1-3 所示。结果表明，DSAW 电流密度比单面 TIG 焊集中，且双枪位置会对电流密度分布产生较大影响。

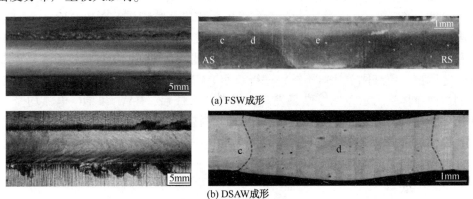

(a) FSW成形

(b) DSAW成形

图 1-2　镁合金 DSAW 和搅拌摩擦焊成形对比

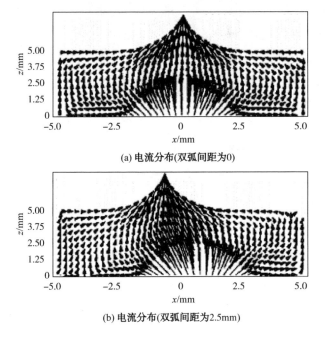

(a) 电流分布(双弧间距为0)

(b) 电流分布(双弧间距为2.5mm)

图 1-3　双面双 TIG 焊电流密度分布

武汉大学潘春旭等分别采用 DSAW 和常规 PAW 工艺焊接了不同厚度的不锈钢和铝合金，发现 DSAW 工艺不但可以汇聚电弧、提高熔深，还可以促使焊缝组织由柱状晶向等轴晶转变，并且在减少焊缝气孔方面也有积极作用。

山东大学孙俊生等建立了小孔 PAW-TIG 焊的数学模型。模拟结果表明，PAW-TIG 焊件的高温区域集中于电弧中心线附近，工件厚度方向的温度梯度比常规单面 PAW 工件的小，对减小工件热变形、降低能量消耗十分有利。

大连理工大学董红刚等通过工艺试验，详细研究了 LY12CZ 铝合金交流脉冲双面 PAW-TIG 焊的工艺特点。分别采用多孔和单孔喷嘴进行对比试验，发现采用多孔喷嘴能够有效防止双弧的产生，采用单孔喷嘴能够获得较大熔深。当采用小孔型交流脉冲 DSAW 焊接铝合金时，由于小孔的存在，阴极雾化效果减弱，影响焊缝质量。董红刚等还对不锈钢进行双面 PAW-TIG 焊接试验，图 1-4 为该工艺的熔池流体受力示意图。结果发现，当匙孔形成后，PAW 和 TIG 电弧均受到了明显压缩，同时电弧电压降低；在相同的焊接参数下，常规 PAW 的熔深只能达到焊件厚度的 38.8%，而 DSAW 可完全穿透工件；表面张力、电弧吹力和电磁搅拌力均有利于增加熔深，而浮力则有利于增加接头中部宽度。

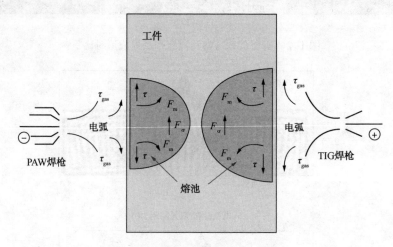

图 1-4　双面 PAW-TIG 焊熔池受力

北京航空航天大学崔旭明等对单电源型双面双 TIG 焊提高熔深的原理进行了剖析。结果发现，工件两侧的 TIG 焊枪引导焊接电流穿过工件，电弧收缩，能量密度增大，熔透能力提高，焊缝深宽比增加。崔旭明等还研究了 DSAW 的穿孔行为，如图 1-5 所示。在双侧热源的集中作用下，工件中心区域会产生热集聚区，促使传热作用强化，达到快速熔透的目的；增加等离子气流量可以使等离子射流热冲击作用加强，使熔池表面的射流凹陷向工件内部逐步扩展，最终形成小孔，焊缝穿透；小孔模式下，焊接电流主要通过匙孔路径传输，引导等离子弧流入匙孔，产生的体积内热源可以进一步强化传热，加速熔透进程。

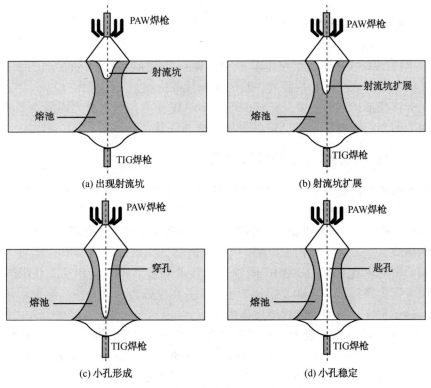

图 1-5 等离子射流热冲击对熔池穿孔作用过程

  兰州交通大学王小荣针对 5mm 厚 1Cr18Ni9Ti 不锈钢进行单电源型 DSAW 工艺研究，得出了焊接电流、离子气流量、保护气流量、焊接速度以及钨极同轴性等因素对成形质量的影响规律。其中，钨极同轴度对 DSAW 成形影响最大，当钨极同轴时易于熔透，而钨极非同轴时，则很难熔透，甚至在加大参数后，仍很难熔透。该观点也从侧面证明本书的研究对象——CC-DSTW 具有更强的熔透能力。

  综上所述，单电源型 DSAW 能量密度高，可获得大熔深、小变形的焊接接头，但由于采用单电源作为焊接热源，两柄焊枪分别接电源两极，极性相反，直流焊时必然始终有一柄焊枪作为电弧阳极，产热量大导致该侧钨棒烧损较快，进而诱发焊缝夹钨缺陷。另外此种接线方式也决定了双弧参数的一体化调节，致使工艺参数区间变窄，焊缝熔透对工艺参数调节的敏感性增加。而双电源型 DSAW 拥有独立的双弧，直流焊时工件作为公共阳极，钨棒为阴极，阴极产热量少，钨极烧损量较小，几乎可以忽略，完美解决了单电源 DSAW 直流焊钨极烧损的问题。另外，由于每个电弧参数可独立调节，工艺参数调控更加灵活，合理参数区间更宽，实用价值更高。

1.3 双电源型 DSAW 的发展历史

双电源型 DSAW 解决了单电源型 DSAW 钨极烧损和参数区间窄的问题，并保留了能量密度大、变形控制好、焊缝质量优等优点，可实现 5~12mm 金属板件的一次焊接成形。本节主要从传统的电弧 DSAW 技术与引入激光焊的新型 DSAW 技术两方面介绍双电源型 DSAW 的发展历史与现状。

1.3.1 电弧 DSAW 技术的发展进程

根据所采用的热源不同，电弧 DSAW 技术主要可分为 TIG-TIG、TIG-MIG/MAG、MIG/MAG-MIG/MAG。

早在 2003 年，华东船舶工业学院的周方明等学者就开始了双面 TIG-MIG 焊接工艺研究，主要基于纯铝 L2 中厚板展开试验，探索了熔池形成特征与焊缝成形机制。研究发现双面 TIG-MIG 同轴焊的热源静态累积效应和动态热阻效应致使熔深大幅提高，TIG 与 MIG 熔池产生交汇并在电弧力、重力和熔池表面张力等作用下达到平衡，从而形成焊缝反面成形。

2005 年，哈尔滨工业大学高洪明等研究了 TC4 钛合金的双面双 TIG 焊接工艺，发现在钛合金焊接上，双面双 TIG 焊相比单面 TIG 焊表现出增大熔深、减小变形和提高效率等诸多优势，TC4 焊接接头的抗拉强度达到母材的 96.14%，热影响区组织为细小的等轴晶。

哈尔滨工业大学张华军等针对非同轴双面双 TIG 焊的角变形进行了数值模拟，通过改变双弧间距，模拟不同条件下的角变形情况，结果如图 1-6 所示。研究发现角变形与双弧间距并非呈线性关系，双弧间距过大或过小都会导致不同程

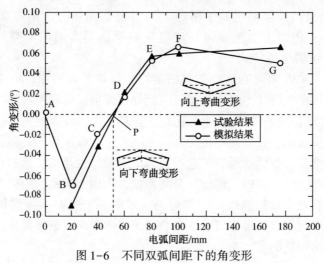

图 1-6   不同双弧间距下的角变形

度的角变形，选取合适的双弧间距可控制角变形。

中国船舶重工集团公司七二五研究所吴松林等也对不同两弧间距的双面双TIG焊接温度场进行了数值模拟，得出先焊电弧的温度场对后焊电弧的影响很大，当线能量相等时，后焊熔池的熔深大于先焊熔池，但随着两弧间距增大，双弧的熔深趋于相等。七二五所郭小辉等针对石油化工行业铝合金空分设备焊接效率低、焊接缺陷多的问题，研究了10mm厚5083铝合金双面双TIG对接焊工艺，成功获得了外观和性能良好的焊接接头。

南京理工大学侯瑶采用双面双TIG焊工艺焊接高氮奥氏体不锈钢，发现采用纯氩保护时焊接过程非常稳定，而保护气中一旦加入氮气，则焊接过程不稳定性增加，飞溅增大，表面粗糙度变大，开始出现咬边。

上海交通大学的田盛等采用厚度5mm的Q235A板材研究双面双MAG焊的工艺特性，主要研究电弧间距、脉冲有无和振动时效对焊接变形的影响，图1-7为不同工艺获得的焊缝变形情况。作者认为Q235A薄板的焊接变形主要为纵向挠曲变形，采用脉冲DSAW和辅助振动时效处理均可较好的控制变形；非同轴焊时双弧间距对焊接变形有较大的影响，随双弧间距的增大，角变形和纵向挠曲变形均先增大后减小。

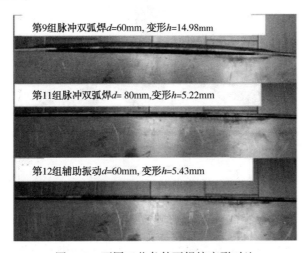

图1-7 不同工艺条件下焊接变形对比

2016年，北京理工大学的Yufeng Zhang和Zheng Ye等利用双面MIG-TIG熔钎焊工艺焊接纯铝与不锈钢异种金属，获得了无变形、成形良好的焊接接头。与常规熔钎焊相比，焊缝中的脆性金属间化合物减少。焊接接头的平均抗拉强度达到80MPa，断裂发生在纯铝一侧。

2017年，吉林大学高大伟对铝合金中厚板进行双面双MIG焊接工艺研究，分别对对接接头与T形接头进行了研究，工艺原理如图1-8所示。研究表明，双面双弧焊不仅能够调整残余应力分布，使其趋向于对称分布，而且还有降低残余应力的作用。

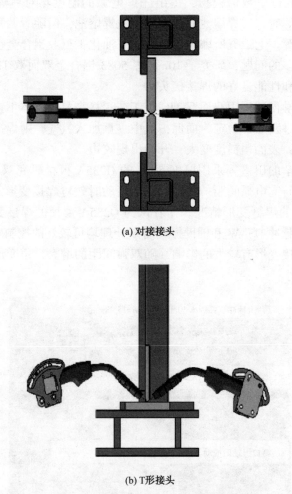

(a) 对接接头

(b) T形接头

图 1-8　双面双 MIG 焊接示意图

　　印度学者 Vishnu V. S 对低碳钢双面双 TIG 焊的残余应力分布进行了数值模拟研究，发现熔池区域的纵向应力为拉应力，随着与熔合线距离的增加转变为压应力。在焊缝整个区域内横向残余应力均为拉应力，但远低于纵向应力。焊接电流影响工件的温度分布，进而影响残余应力分布。

1. 3. 2　激光-TIG 的提出与研究进展

　　鉴于传统电弧 DSAW 工艺效率相对较低，哈尔滨工业大学苗玉刚等开发了激光-TIG 双面焊(LADSW)工艺，原理如图 1-9 所示，在铝合金薄板上进行焊接试

8

验。图 1-10 为相同工艺参数下三种工艺的成形对比，在激光与电弧共同作用下，工件两侧的焊缝熔深得到了显著增加。研究工艺参数对双面焊接头形貌的影响发现，随焊接速度的提高，激光侧的深宽比增加，而 TIG 侧的深宽比减小；焊接电流增大时，TIG 侧熔宽的增加趋势大于激光焊，激光功率增大时，两侧熔宽基本等幅增加。

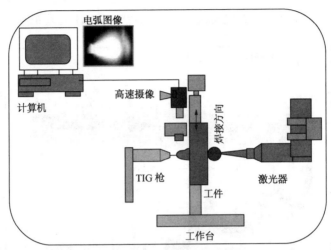

图 1-9　LADSW 原理示意图

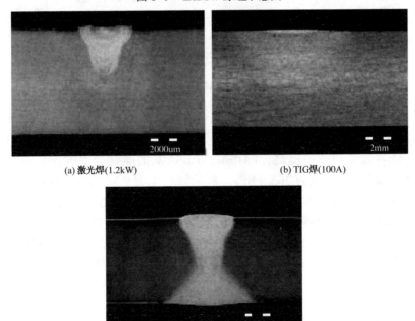

(a) 激光焊(1.2kW)　　　　　　　(b) TIG焊(100A)

(c) LADSW(1.2kW+100A)

图 1-10　单面焊与双面焊的接头成形

陈彦宾等对 LADSW 的能量利用率、气孔和力学性能等问题进行了研究。研究表明，LADSW 的热源熔化效率大幅提高，熔化面积是单独激光和 TIG 熔化面积之和的两倍，而且 LADSW 的气孔数量相比激光焊有所减少。后续还和赵耀邦等对电弧的形态和电参数的变化进行了研究。研究发现，随着激光功率的增大，电弧形态依次呈现弧柱收缩、弧根压缩、弧柱膨胀的变化。LADSW 的电弧电压低于 TIG 焊（图 1-11），随着电流的增大，二者电弧电压的差距减小。

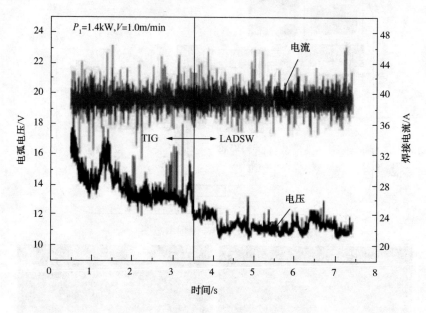

图 1-11　TIG 和 LADSW 的电参数变化

哈尔滨工业大学赵耀邦等以 5A06 铝合金为试验材料，对比研究了 DSAW 与 LADSW 接头的微观组织和力学性能。结果表明，LADSW 的能量效率高于 DSAW，随着激光功率的提高，LADSW 与 DSAW 的能量效率的比值逐渐增大。LADSW 接头的抗拉强度为 365.1MPa，断后伸长率为 9.0%，而 DSAW 接头的抗拉强度和断后伸长率分别为 327.8MPa 和 5.5%。赵耀邦等通过光谱诊断、电弧电压测量和基于斯塔克展宽法的电弧电子密度估算等手段对 5A06 铝合金 LADSW 特性进行了研究，图 1-12 为不同方法的电弧形态对比。结果表明，通过调整激光和电弧能量的匹配，可实现对接头形貌的控制，对称 X 形接头的内部缺陷少，抗拉强度达到母材的 90% 以上，力学性能最优。后续还采用红外测温和电弧光谱分析的方法对激光稳定、压缩电弧的机制进行分析。研究认为铝合金进行 LADSW 焊接时，激光匙孔未穿透时电弧弧柱收缩；当匙孔穿透时，在激光等离子体处弧根开始收缩。该现象只在铝合金焊接时出现，不锈钢焊接时则较难看到。

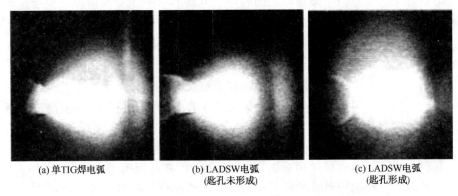

(a) 单TIG焊电弧　　　　　(b) LADSW电弧　　　　　(c) LADSW电弧
　　　　　　　　　　　　　（匙孔未形成）　　　　　　　（匙孔形成）

图 1-12　铝合金 TIG 焊和激光–TIG 双面焊的电弧形态

1.4　针对大厚板的 DSAW 技术研究现状

以上关于 DSAW 的研究工作主要基于薄板或中等厚度板展开，而双面双弧焊高效、低耗、大熔深的特点也十分适用于 20mm 以上大厚板的焊接。

哈尔滨工业大学张华军等提出了一种针对低合金高强钢厚板的不清根组合式 DSAW 工艺，即双面双 TIG 焊打底，然后双面双 MAG 焊填充。结果表明，单 TIG 焊的焊缝与粗晶区组织为粗大的板条马氏体，而双 TIG 焊的焊缝区组织为马氏体和针状铁素体，粗晶区的板条马氏体比单 TIG 焊小。硬度分布曲线表明，单 TIG 焊焊缝区和粗晶区的硬度都要比双 TIG 焊高。张华军等还对新工艺的温度场和应力场进行了数值模拟，发现温度分布呈"双峰"状（图 1-13），打底层和盖面层焊道的残余应力大于其他焊道，DSAW 和传统单弧焊的纵向残余应力相当，而 DSAW 的横向残余应力则低于单弧焊。

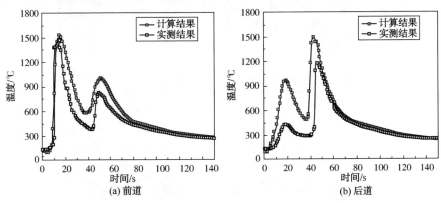

图 1-13　模拟和实测热循环曲线（双弧间距 45mm）

哈尔滨工业大学赵琳琳通过模拟对比了厚板 DSAW 多层多道焊工艺与传统单弧焊的应力应变。研究发现，DSAW 的焊后综合应力和角变形均小于单弧焊，打底焊道的应力最大。双弧间距和热输入均对焊道残余应力有较大的影响，选取合适的双弧间距和热输入可减小残余应力，提高接头质量。

哈尔滨工业大学刘树义研究了厚板双面双弧横焊工艺。作者认为双弧之间区域的传热互为正热阻效应，导致热量集聚效果显著增加，前弧熔池被拉长，后弧熔深增大，焊缝熔合良好。前弧对工件有明显的预热作用，而后弧则有后热作用，有利于改善焊缝组织，提高性能。

刘殿宝等采用熔池视觉传感对大厚板 DSAW 打底焊熔池成形特性进行了研究。结果表明，根部预留间隙是实现大厚板不清根焊根部熔透的有效措施，脉冲 TIG 焊是大厚板打底焊的优选方法，峰值期间坡口根部熔化，基值期间熔池迅速凝固，防止下淌。刘殿宝等还对比研究了 EH36 厚板双面双 MAG 打底焊接头组织和力学性能进行了研究，发现焊接接头热影响区的组织为板条马氏体和贝氏体，焊缝组织为先共析铁素体和针状铁素体；由于后续焊道对打底焊的再热作用，打底焊硬度比后焊道要低，但韧性增强。

易晓丹对高强钢厚板双面双弧平仰焊的成形与组织性能进行了研究。研究后认为采用摆动焊可以控制熔池金属流动，减小热输入，缩短熔池冷却时间，达到控制成形的目的。

哈尔滨工业大学杨东青等主要通过模拟仿真的手段研究了厚板双面双 TIG 打底焊成形的影响因素，模拟结果如图 1-14 所示，分别从预留间隙、钝边尺寸和错边量等方面展开分析与讨论。结果表明，随着预留间隙的增大，双弧打底焊可熔化的钝边量增大，可允许的错边范围先增大后减小。

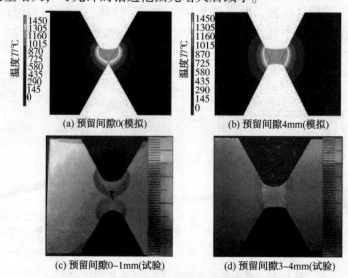

图 1-14 预留间隙不同的模拟及试验结果

哈尔滨工业大学熊俊等通过模拟与试验相结合的手段研究了厚板双面双 TIG 焊接打底、双面双 MAG 焊接填充的横焊工艺。通过实际检测温度变化发现非同轴 DSAW 的热循环曲线为"双峰"状，如图 1-15 所示。由于前弧和后弧对焊缝的作用分别相当于预热和后热，因此容易获得良好的焊缝组织。

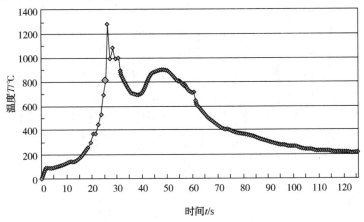

图 1-15 "双峰"状热循环

南京理工大学冯曰海等以 20mm 厚 7A52 铝合金为试验材料，进行机器人双面同轴 TIG 填丝和自熔打底焊试验，接头宏观金相如图 1-16 所示。结果表明，双面自熔焊接头的抗拉强度、显微硬度均高于双面填丝焊(图 1-17)；自熔焊接头为准解理断裂，而填丝焊接头则为脆性断裂。

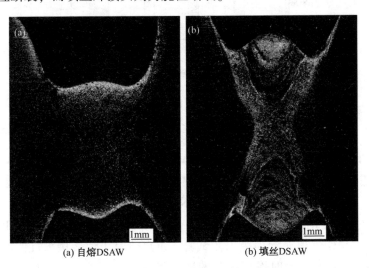

(a) 自熔DSAW   (b) 填丝DSAW

图 1-16 微观组织

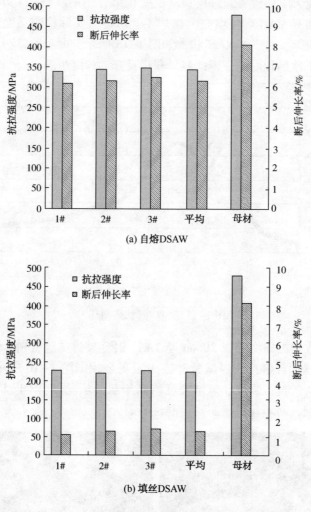

(a) 自熔DSAW

(b) 填丝DSAW

图 1-17   拉伸性能对比

南京理工大学陈家河研究了 20mm 厚 7A52 装甲铝合金的双面双弧立焊工艺，采用双面 TIG 自熔焊打底，采用双脉冲 MIG 焊填充。研究发现采用双面 U 形坡口有利于获得稳定的电弧，而采用双面 V 形则焊接过程稳定性较差，电弧漂移严重，较难实现集中加热，坡口熔合情况不良。

江苏科技大学刘露等也针对 10Ni5CrMoV 钢开展了非同轴双面双 TIG 焊打底、同轴双面双 MAG 焊填充的焊接工艺试验，重点研究了焊接接头抗低温脆性断裂性能。研究表明，−50℃时焊接接头的冲击吸收功大于 47J，−1℃时焊接接头的动态撕裂能最低值为 1150J，焊缝金属的全塑性断裂转变温度为−14℃，无塑性转变温度为−80℃，均满足承压部件的服役要求。

哈尔滨工业大学彭康为防止后续 MAG 将 TIG 打底层熔穿,选择在双面双 TIG 自熔打底层上再加一层 TIG 填丝焊,即两层双面双 TIG 焊,然后进行双面双 MAG 焊填充加盖面,并对其接头组织性能进行评价。笔者认为 DSAW 打底焊时,后弧的再热作用使先焊侧焊趾部位热影响区产生了更多的板条马氏体,从而使韧性得以提高;填充焊时,热影响区韧性降低同样是由于后弧的再热作用导致该区域产生了粗大的粒状贝氏体造成的。作者基于焊接热过程模拟,提出了通过调控双弧间距改变先焊侧热影响区的二次加热峰值温度进而实现组织调控的策略。

南京理工大学李宇昕研究了铝合金厚板双面双 TIG 焊的变形情况,发现双面双 TIG 打底焊的变形为单面 TIG 焊的 18.1%,而填充焊为单面 TIG 焊的 24.1%,采用 DSAW 工艺可大幅减小焊接变形。

上述研究主要针对双面双弧焊工艺展开,而张华军和肖珺等采用两种不同品牌的工业机器人搭建了一套 DSAW 机器人柔性加工系统,系统原理如图 1-18 所示。双机器人采用主从协调控制策略,通过协调运动算法模型,根据主手焊枪末端位置和姿态,以工件基准路径平面为对称面,推导出背面从手机器人工具末端的运动路径点,控制从手跟随主手协调运动,此方法加速了 DSAW 的自动化和智能化进程,为 DSAW 在汽车、航空、航天等领域的应用奠定基础。

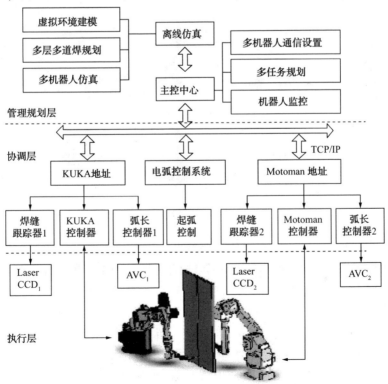

图 1-18　双机器人分布式集散控制系统

虽然以上方法在大厚板焊接上取得了良好的效果，然而该技术在实施过程中需更换一次焊接电源，增加了设备与时间成本。为此，哈尔滨工业大学檀财旺[71]研究了EH6船用钢的全过程MAG-MAG立焊工艺（图1-19），采用摆动焊的方式控制焊缝成形。对预热和不预热的打底焊温度场数值模拟后发现，预热和不预热的打底焊热循环基本相同，取消预热工序并不会影响接头成形及性能。

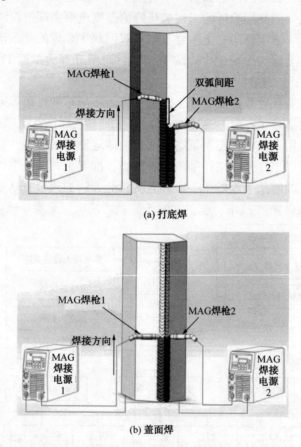

(a) 打底焊

(b) 盖面焊

图1-19　双面双MAG焊接工艺

上海交通大学的杨乘东等也对全过程双面双MAG焊进行了研究，采用机器人自动焊的方式实现了50mm厚Q345钢的稳定连接，接头完全熔透，侧壁熔合良好，为海洋钻井平台高强钢桩腿齿条的焊接提供了保障。针对预热温度对DSAW的作用进行了数值计算，结果发现采用双面双MAG焊接工艺，无须预热或预热到较低温度即可获得良好的抗冷裂性能。杨乘东等还研究了基于视觉传感的厚板多层多道焊层道数规划，实现了大厚板的自动化焊接。

上海交通大学陈玉喜等采用全过程双面双 MAG 焊接工艺焊接低合金高强钢 Q690E 大厚板。研究表明，采用合理的双面双 MAG 多层多道焊接工艺参数，可以获得无焊接缺陷的优质大厚板焊缝，典型的接头形貌如图 1-20 所示。焊缝区的硬度高于母材，低于热影响区；接头的抗拉强度可以达到母材（880MPa）的 98.04%，弯曲试验过程中未发现裂纹产生；相对于热影响区与母材，焊缝区的冲击韧性有所下降。

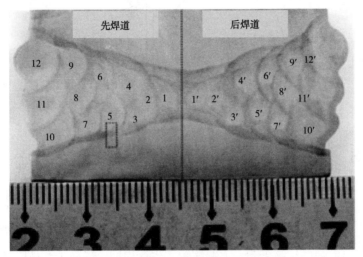

图 1-20　双面双 MAG 焊接接头形貌

1.5　DSAW 的工程应用状况

早在 1980 年，叶树棠等已采用双面氩弧立焊工艺进行 10mm 铝镁合金焊接，并成功应用于液空吸附器的制造加工，焊缝射线检测达到 I 级，极大提高了生产效率。

1993 年，哈尔滨锅炉厂和东方锅炉厂从日本三菱重工公司引进了双 MIG 气体保护自动焊，采用双电源非同轴焊接，大幅提高了生产效率。

1997 年，南京晨光机械厂的徐禾水开展了双人同步 TIG 立焊试验，焊接过程如图 1-21 所示，试验发现该工艺焊接成形美观，焊后变形小，且焊缝中较少出现气孔和夹渣等缺陷。

山东鲁南化学工业集团公司的房茂义通过采取双面双人同步 TIG 立焊工艺，完成了空分分馏塔的焊接，探伤达到 II 级以上，力学性能合格。

2005 年，南京晨光集团焊接实验室赵妍等采用 DSAW 同步立焊和横焊对铸造锡青铜壁板进行了一系列焊接工艺实验，验证了 DSAW 具有提高焊接质量、减小焊接变形和提高生产效率等优点，且焊接接头完全满足设计技术指标，从而成

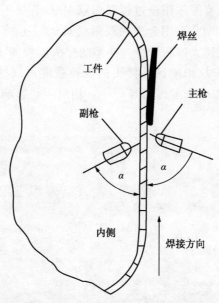

图 1-21　双人同步 TIG 焊示意图

功地在大型艺术制像工程中得到推广与应用。

马钢修建工程公司通过对 30000m³/h 制氧机空分装置使用双面同步 TIG 焊工艺，取代了单面焊的传统工艺，大幅缩短了生产周期，提高了产品质量。

2008 年，淄博太极工业搪瓷有限公司赵忠义等采用双人双面 TIG 自熔打底、单人 TIG 填丝盖面的方法完成了 8mm 厚不锈钢的焊接，外观检测合格，射线探伤一次合格率达到 95％，弯曲试验合格，焊缝抗拉强度高于母材，断裂位置在母材处。

开封空分集团有限公司为了解决小直径低温铝合金管道纵缝双面焊接的难题，采用了双人双面同轴 TIG 立焊的工艺，大大减少了铝合金的焊接缺陷，提高了接头质量。

2010 年，中油管道机械制造有限责任公司针对坡口加工精度较差的清管器收、发球筒体，采用 DSAW 获得了满意的焊缝，证明 DSAW 对坡口精度有良好的容错性。

国际上，日本的 Kawasaki Seitetsu 公司曾针对直径为 600mm 管道环缝焊接，改进了原单侧多层多道焊为双侧双面环焊新工艺，完成一个焊接接头效率提高了近 2 倍。

日本的 IHI Kure 和 SHI Yokosuku 船厂将 DSAW 应用于 T 形接头厚板结构，焊接过程如图 1-22 所示，采用龙门伸缩臂式自动化装置，多个装置同时施焊，极大提高了生产效率。

图 1-22 T 形接头的 DSAW 施焊现场

1.6 同轴共熔池双面 TIG 焊（CC-DSTW）

综合上文介绍，当前国内外有关 DSAW 的研究与应用主要针对单电源型 DSAW 和双电源型非同轴 DSAW 展开，对提高焊缝熔深、提高生产效率和减少焊接缺陷等作用显著，但也存在不同程度的不足。单电源型 DSAW（图 1-23）存在直流焊钨极烧损的问题，且工艺参数窗口较窄。而非同轴 DSAW（图 1-24）降低了焊缝熔透对参数变化的敏感性，熔透状态易于控制，但双弧难以形成公共熔池，也带来了能量利用率降低、角变形不易控制、焊缝保护效果变差的问题。

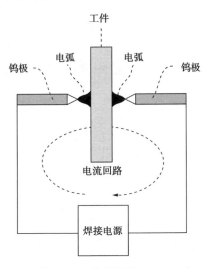

图 1-23 单电源型 DSAW

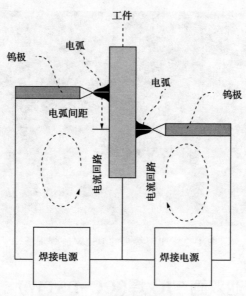

图 1-24 双电源型非同轴 DSAW

同轴共熔池双面 TIG 焊(Coaxial Co-molten-pool Double-Sided Tungsten inert gas Welding, CC-DSTW)是采用对称式双 TIG 热源的 DSAW 工艺(图 1-25),双 TIG 电弧以"共熔池"的方式熔透工件。与非同轴 DSAW 的最大区别是,该方法旨在

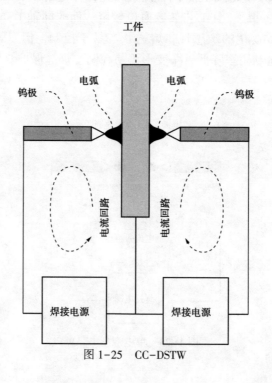

图 1-25 CC-DSTW

最大限度地提高双热源的熔透能力，并更好地防止焊缝氧化和变形问题，尤其对难熔透、易变形、易氧化的铝、镁、铜等金属的焊接有特殊意义。本书将以 CC-DSTW 为试验方法，对双弧耦合机制、熔池热/力行为、凝固成形机理、组织性能特征展开系统、详尽的分析与论述，为该方法更好的工程化应用提供理论支撑与实验依据。

CC-DSTW 具有如下优点：

① 可一次直接熔透 5~12mm 中厚板，基本达到小功率激光、电子束焊的熔透能力，且工件两侧均覆盖于气体保护之下，焊缝可获得完美的气体保护效果，成形质量好；

② 熔池表面积大，且受到两侧电弧力的联合搅拌作用，可大幅减少熔池中的气体和杂质含量，获得无缺陷的均匀接头组织，提高焊缝质量；

③ 工件两面的变形大小相等而方向相反，相互抵消，焊后工件几乎无变形或微变形；

④ 双电弧热源的焊接效果并非两个单热源的简单叠加，热量会在工件内部产生集聚，使熔化效率大幅提高，因此总热输入远小于常规双面焊或多层焊，有利于降低能耗，节约能源；

⑤ 与激光、电子束等其他高效焊接方法相比，成本低廉，性价比高。

2 CC-DSTW系统与工艺特性

2.1 CC-DSTW 试验系统

2.1.1 CC-DSTW 系统组成

CC-DSTW 系统主要由焊接、控制和传感等子系统组成，采用的主要设备包括 Yaskawa MH6 工业机器人、Fronius MagicWave 4000 TIG 焊接电源、TBi AT420 水冷 TIG 焊枪、电荷耦合元件（Coupled Charge Device，CCD）视觉传感器、工控机、水箱和保护气等，焊接系统示意图如图 2-1（a）所示。两台机器人采用正置方式安装于底座之上，两柄 TIG 焊枪分别安装在两台机器人 T 轴末端的焊枪夹持器上，机器人对称布置于工作台两侧。采用三维柔性工装平台与组合夹具完成工件的装夹与定位。利用自主研发的协同控制器保证两侧电弧同时起弧和两侧机器人同时开始运动，焊接过程中，两台机器人保持相同的速度运动以确保两把焊枪始终同轴。采用视觉系统从侧面实时观测焊接电弧和熔池形态。焊接高氮钢时采用气体配比器配制不同比例的氮氩二元混合气，以研究保护气组分对高氮钢焊缝氮损失的影响规律。图 2-1（b）显示了 CC-DSTW 立焊时焊枪与工件的相对位置，两把焊枪关于工件厚度中心线对称，以相同速度同步向上运动，且每把焊枪均垂直于工件表面设置，工件两侧分别以字母 A、B 区分。如无特别说明，本书中的 CC-DSTW 立焊均指向上立焊。图 2-1（c）为 CC-DSTW 系统的实物照片。

2.1.2 CC-DSTW 控制模块

CC-DSTW 系统的控制功能集成于协同控制器，主要利用机器人的数字输入输出（I/O）单元的扩展功能进行二次开发，采用电磁继电器、按钮开关、急停开关和信号电缆等研发硬件部分，而软件部分则通过机器人编程语言实现，主控部分的接线如图 2-2 所示。其中，20030：B3 中的 20030 和 B3 分别为 Yaskawa 机器人 IN#（1）信号的内部编号与端口编号，代表 IN#（1）端口，同样，30030：B10 代表 OT#（1）端口，20031：A3 为 IN#（2）端口。

图 2-2（a）实现的功能是再现模式下，只有给出输入信号 IN#（1）两台机器人

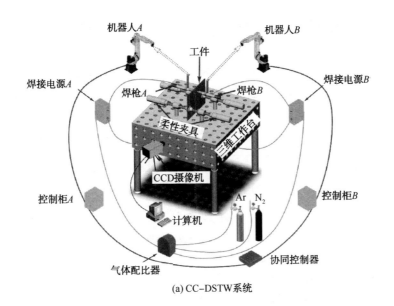

(a) CC-DSTW系统

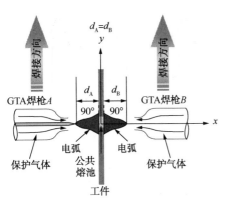

(b) 焊枪与工件相对位置

(c) CC-DSTW系统实物图

图 2-1　CC-DSTW 系统

方可同时运行程序，相当于将两台机器人的再现启动开关合并成为同一个外部触发信号。图 2-2(b)实现的是在焊接引弧处互相等待，待对方同样到达引弧处后，方可开始移动。具体实现过程是互相将当前机器人的输出信号作为另一台机器人的输入信号，在每台机器人程序中通过编程语言强制输出 OT#(1)信号为 ON，根据图 2-2(b)可知，OT#(1)= ON 的结果就是另一台机器人的 IN#(2)= ON，然后在每台机器人程序中均加入 WAIT IN#(2)= ON 语句，以实现双机器人同时开始动作的目的。而焊机与机器人通过 ROB5000 接口通信，因此也实现了双机器人同时引弧焊接。图 2-3 所示为双机器人协同控制逻辑。

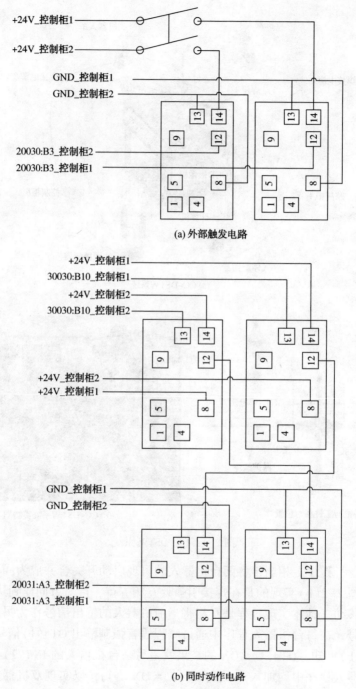

+24V_控制柜1

+24V_控制柜2

GND_控制柜1
GND_控制柜2

20030:B3_控制柜2
20030:B3_控制柜1

13　14
9　12
5　8
1　4

13　14
9　12
5　8
1　4

(a) 外部触发电路

+24V_控制柜1
30030:B10_控制柜1
+24V_控制柜2
30030:B10_控制柜2

13　14
9　12
5　8
1　4

13　14
9　12
5　8
1　4

+24V_控制柜2
+24V_控制柜1

GND_控制柜1
GND_控制柜2

20031:A3_控制柜2
20031:A3_控制柜1

13　14
9　12
5　8
1　4

13　14
9　12
5　8
1　4

(b) 同时动作电路

图 2-2　CC-DSTW 控制系统接线图

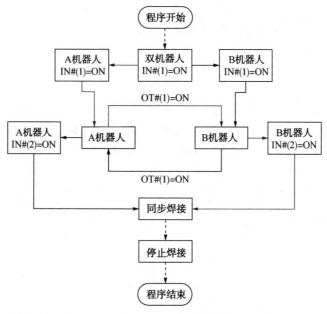

图 2-3　双机器人协同控制逻辑

2.1.3　电弧与熔池图像传感

采用 Basler acA640-100gm 摄像机、Ricoh FL-CC1614-2M 镜头、滤光片与减光片组成图像传感系统，实时采集焊接过程的电弧和熔池图像。图 2-4 为针对 CCD 视觉传感器设计的夹具三维结构图与实物，外壳采用铝合金材质主要是基于散热与经济性考虑。镜头筒中部加工半圆弧缺口，作用是方便调节与固定镜头的光圈与焦距。由防飞溅玻璃、减光片、滤光片组成的复合滤光系统安装于前端小套筒内，并通过环状螺纹紧固件固定。

(a) 三维结构　　　　　　　　　　　　　(b) 实物照片

图 2-4　CCD 视觉传感器

2.2 CC-DSTW 试验材料及方法

2.2.1 试验材料

本节中工艺试验以 5083 铝合金与自主制备的高氮钢为试验材料，板厚范围 5~12mm，主要以 8mm 铝合金和 6.5mm 高氮钢为例展开试验，以探究 CC-DSTW 的工艺特征与热力传输行为。铝合金与高氮钢的化学成分如表 2-1 和表 2-2 所示。

表 2-1　铝合金化学成分　　　　　　　　　　　　　　%（质量）

成分	Si	Fe	Cu	Mn	Mg	Cr	Ni	Zn	Ti	Al
含量	≤0.40	≤0.40	≤0.10	0.40~1.00	4.0~4.9	0.05~0.25	≤0.05	≤0.25	≤0.15	其余

表 2-2　高氮钢化学成分　　　　　　　　　　　　　　%（质量）

成分	C	Si	Mn	Cr	Ni	Mo	N	Fe
含量	0.11	0.20	15.05	21.08	1.00	0.11	0.76	其余

2.2.2 显微组织表征

通过线切割的方式取得金相试样，然后采用有机溶剂丙酮去除试样表面的油污和切削液，再利用 SiC 砂纸（240#、280#、320#、400#、500#、600#、800#、1000#）由粗到细依次进行预磨、精磨和研磨操作，再用金刚石研磨膏（W5，W3，W1）进行抛光操作，最终制备成可供观测的金相试样，试样尺寸如图 2-5 所示，试样厚度与板厚相同。由于直接测量接头形貌尺寸的精度较差，所以本书通过对金相照片进行图像处理的方法获得。微观组织与成分分析主要通过光学显微镜、扫描电子显微镜（SEM）、能谱仪（EDS）、X 射线衍射仪（XRD）等手段表征。

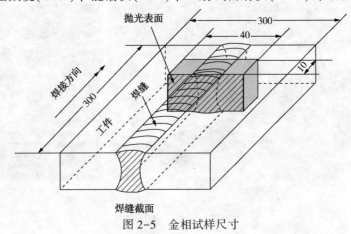

图 2-5　金相试样尺寸

光学显微镜的品牌型号为德国 ZEISS Axio，配套图像处理软件为AxioImaging，显微镜实物如图 2-6(a) 所示。X 射线衍射仪型号为德国 BrukerD8Advance［图 2-6(b)］，扫描电子显微镜型号为 FEI Quanta250F［图 2-6(c)］。

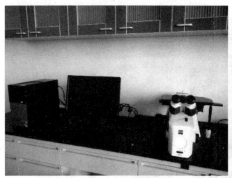

(a) 光学显微镜 (b) X射线衍射仪

(c) 扫描电镜

图 2-6　微观组织表征设备

2.2.3　力学性能检测

本书的力学性能检测手段主要为拉伸、冲击和显微维氏硬度实验。采用线切割的方式制备拉伸试样，并用机械加工的方法去除焊缝余高部分，试样尺寸如图2-7 所示。

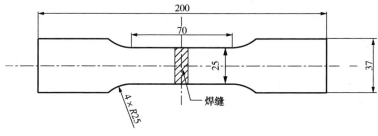

图 2-7　拉伸试样尺寸

本书试验用到的力学性能检测设备主要有 CSS-44300 型电子万能实验机（最大负荷 300kN）、JB-300 型摆锤式冲击试验机和 HVS-1000Z 型自动转塔数显显微硬度计，设备照片如图 2-8 所示。

(a) 电子万能试验机

(b) 冲击试验机

(c) 显微硬度计

图 2-8　力学性能检测设备

2.2.4　研究方法

本书的研究内容主要以理论分析、数值模拟与工艺试验相结合的方式展开，试验部分的流程如图 2-9 所示。在 CC-DSTW 过程中，通过电弧和熔池图像传感等手段，获取焊接过程的数据和信息，研究其对熔池行为控制和焊缝成形质量的影响规律，为焊接过程的自动化、智能化控制提供科学依据。针对不同工艺条件下的焊接接头进行外观检测、微观组织和力学性能分析，评价接头质量，为工艺的进一步优化指明方向。

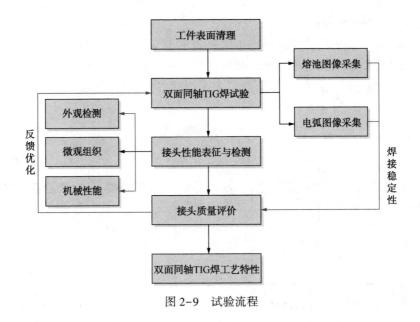

图 2-9 试验流程

2.3 铝合金 CC-DSTW 工艺特性

根据焊接位置，CC-DSTW 可分为三类：

（1）CC-DSTW 立焊

工件竖向摆放，焊缝位于竖直方向，双 TIG 弧分置于工件左右两侧，相对于工件厚度中心面对称排布，双弧均在立焊位置施焊。图 2-10 显示了 CC-DSTW 立焊过程示意图，其中小黑点表示焊接方向垂直纸面向外。

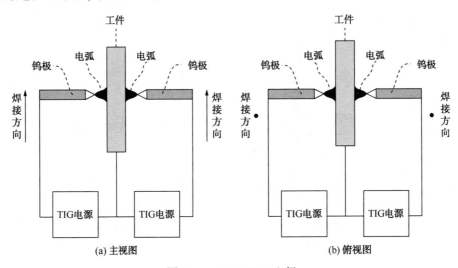

(a) 主视图　　　　　　　　　　　　(b) 俯视图

图 2-10　CC-DSTW 立焊

（2）CC-DSTW 横焊

工件垂直于水平面，焊缝平行于水平方向，双 TIG 弧分置于工件左右两侧，相对于工件厚度中心面对称排布，双弧在工件两侧横焊位置施焊。如图 2-11 所示为 CC-DSTW 横焊过程示意图，"×"表示焊接方向垂直纸面向内。

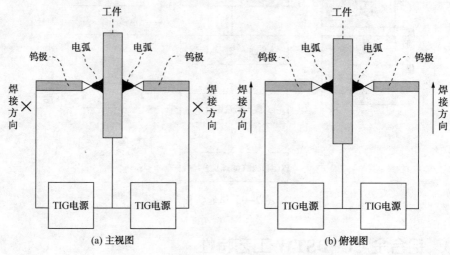

图 2-11　CC-DSTW 横焊

（3）CC-DSTW 平-仰焊

工件平行于水平面放置，双 TIG 弧分列于工件上下两侧，相对于工件厚度中心面对称排布，在工件上侧施焊的 TIG 电弧处于平焊位置，在工件下侧施焊的 TIG 电弧处于仰焊位置，由于同时涵盖平焊与仰焊两个焊接位置，故而称之为 CC-DSTW 平-仰焊。其焊接过程如图 2-12 所示。

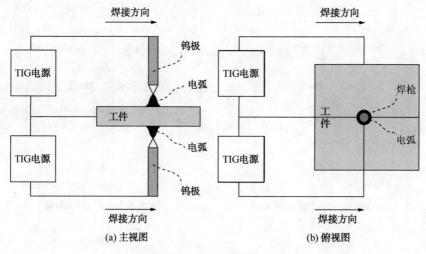

图 2-12　CC-DSTW 平-仰焊

以上分类囊括了所有的焊接位置，但针对 5～12mm 工件 I 形坡口对接接头，这三种工艺的实际操作难度和获得的接头质量不可同日而语。CC-DSTW 立焊成形最优，焊缝一致性与稳定性最高；CC-DSTW 平-仰焊接头一般平焊侧下凹，仰焊侧凸出，在不进行后续填充焊的情况下不能满足使用要求；CC-DSTW 横焊成形难度较大，熔池向重力侧偏移的趋势明显，焊缝常出现偏心、焊瘤或熔池侧向滴落等问题。第 5 章将对三种焊接位置 CC-DSTW 的熔池力学行为与焊缝成形机理进行深入分析与探讨，本章以焊缝特征显著且成形相对稳定的 CC-DSTW 立焊和平-仰焊为例，开展焊接工艺试验，所用材料为铝合金和高氮钢，焊接方式为 I 形坡口自熔焊，主要分析 CC-DSTW 成形质量的影响因素并揭示其影响规律。

2.3.1 CC-DSTW 接头基本形貌特征

外观成形与接头形貌可以初步反映焊接质量的优劣，因此，焊缝外观和接头形貌的目视检测是焊接质量检验的首要步骤，可以直观的了解焊缝成形的基本情况。图 2-13 为 CC-DSTW 立焊的典型焊缝与接头形貌。由图 2-13(a) 和图 2-13(b) 可见，焊缝表面光滑美观，一致性良好，焊趾部位过渡平滑，表面未出现气孔、裂纹等缺陷。图 2-13(c) 为 CC-DSTW 立焊的接头横截面，可以看出双弧焊接头的形貌与单弧焊完全不同，焊缝内部无明显气孔、夹渣缺陷，熔合线边界呈近似的"双曲线"形。焊接过程中液态金属由于表面张力的作用向焊缝中心聚集，致使两侧焊趾部位出现一定程度的凹陷，从而使焊缝表面显示"小波浪"形，这也是中等厚度板材自熔焊成形的主要特征。

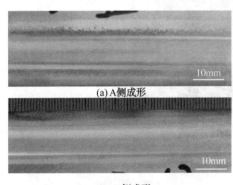

(a) A侧成形

(b) B侧成形

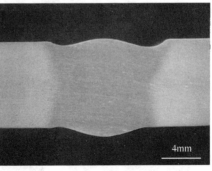

(c) 接头形貌

图 2-13 CC-DSTW 立焊焊缝(100A+220A)

图 2-14 为 CC-DSTW 平-仰焊焊缝与接头形貌。单从焊缝外观来看，平-仰焊同样获得了表面平滑、一致性良好的焊缝。观察图 2-14(c) 的接头截面形貌方知，接头平焊侧(上侧)凹陷，为方便描述，本书中称这种接头的余高为负，而仰焊侧(下侧)余高为正。整体来看，CC-DSTW 平-仰焊接头表面呈上凹下凸的

"倒拱桥"形,熔合线同样为近似"双曲线"形。显而易见,此种接头较难满足常规使用要求,一般还需在凹陷位置进行补焊。

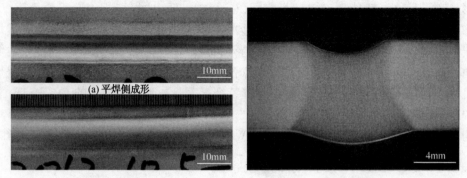

(a) 平焊侧成形

(b) 仰焊侧成形

(c) 接头形貌

图 2-14　CC-DSTW 平-仰焊焊缝($I_{平焊侧}=100A$,$I_{仰焊侧}=220A$)

2.3.2　接头几何参数定义

为了定量研究工艺参数对 CC-DSTW 接头形貌的影响规律,本书对 CC-DSTW 接头几何特征进行定义。CC-DSTW 立焊与平-仰焊的接头特征参数如图 2-15 所示。

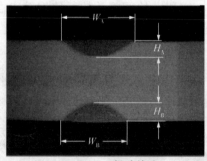

(a) CC-DSTW立焊(未熔透)

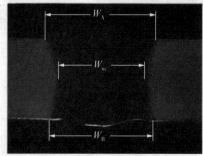

(b) CC-DSTW立焊(熔透)

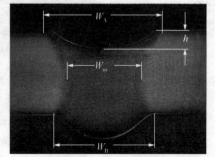

(c) CC-DSTW平-仰焊(熔透)

图 2-15　接头几何特征参数定义

32

CC-DSTW 立焊接头中，W_A 表示接头 A 侧熔宽，W_B 为接头 B 侧熔宽，H_A 为 A 侧熔深，H_B 为 B 侧熔深，S 为熔化面积。熔透后，熔池合二为一，W_m 表示中间熔宽。

CC-DSTW 平-仰焊接头中，W_A 表示接头的平焊侧熔宽，W_B 表示仰焊侧熔宽，W_m 同样表示中间熔宽(两条熔合线的最短距离)，h 为平焊侧下凹的深度，S 为熔化面积。

2.3.3 工艺参数对焊缝成形的影响

本节主要以 CC-DSTW 立焊为例，对主要焊接参数与焊缝形貌的关系进行分析。

（1）不同热输入下的双面与单面焊接头形貌

在无预热情况下分别进行 CC-DSTW 与单面 TIG 焊试验，获得的接头外形如图 2-16 所示。由图可见，单面 TIG 焊时，电流 120A 和 200A 时焊缝的熔深均较浅，远小于 CC-DSTW。

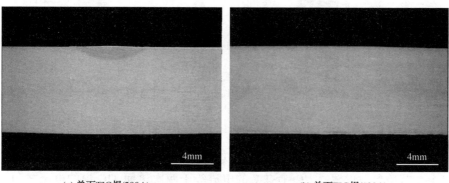

(a) 单面TIG焊(200A)　　　　　　(b) 单面TIG焊(120A)

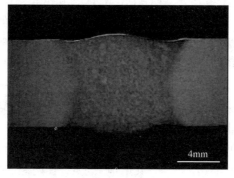

(c) CC-DSTW(200A+120A)

图 2-16　不同焊接工艺的接头形貌

通过图像处理的方法获取三种接头的熔深 H、熔宽 W 和熔化面积 S，如图 2-17 所示。可以看到，电流 200A 时熔深为 1.28mm，而电流 120A 时，由于铝合金散热较快，熔深仅有 0.26mm，而 CC-DSTW 接头已经完全熔透，熔深为 8mm，8mm 远大于 1.28mm+0.26mm=1.54mm，而且两侧熔宽和中间熔宽也远大于单面 TIG 焊，熔化面积达到了单面焊最大熔化面积的 14 倍，表明采用 CC-DSTW 工艺可有效提高能量利用率，大幅增加焊接熔深。

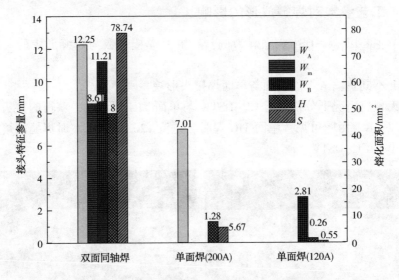

图 2-17　不同焊接工艺的接头几何特征参数

（2）相同热输入下的双面与单面焊接头形貌

上一节的参数设置是 CC-DSTW 的电流等于两次单面 TIG 焊的电流之和，若将一次单面焊的电流直接增至与 CC-DSTW 总电流相等，获得的接头形貌如图 2-18 所示。由图可见，两种焊接方式下接头均已完全熔透，但形态差异巨大。CC-DSTW 的接头对称美观，而单面 TIG 焊接头则出现了严重咬边。原因分析如下：8mm 铝合金完全熔透时熔池体积和质量较大，采用单面焊相当于单面立焊双面成形，液态金属由于重力作用加速流向熔池尾部，同时在表面张力的作用下向焊缝中心聚拢，凝固后接头余高增大，最终形成焊缝中心凸起，焊趾部位下凹的"倒马鞍"形接头，如图 2-18(a) 所示。另外，由于工件另一侧没有添加衬垫，为自由成形，这也会降低熔池的稳定性。采用 CC-DSTW 时，待焊部位在两侧电弧的作用下，形成一个共同的熔池，"公共熔池"的 A、B 两侧同时受到电弧力的作用，对侧电弧力对熔池流动有一定的拘束作用；另外，由于每侧电流均相对较小，电弧力较为柔和，对熔池的冲击作用较小。因此，CC-DSTW 接头未产生严重的咬边缺陷，接头形貌见图 2-18(b)。

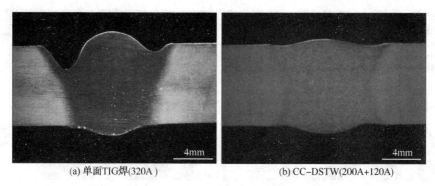

(a) 单面TIG焊(320A)　　　　　　(b) CC-DSTW(200A+120A)

图 2-18　不同焊接工艺的接头形貌

图 2-19 为两种工艺下的接头熔宽 W、熔深 H、最大咬边深度 D_{max} 和熔化面积 S。CC-DSTW 的两侧熔宽差值为 1.04mm，而单面 TIG 焊则达到了 5.48mm，表明 CC-DSTW 的焊缝对称性更高，熔池区域分布更加均匀。CC-DSTW 的最大咬边深度为 0.19mm，而单面 TIG 焊的最大咬边深度达到 2.39mm，为 CC-DSTW 的 12.6 倍。综上，当试板达到一定厚度后（约 4mm），单面 TIG 自熔焊的焊缝成形会严重恶化，这表明单面一次熔透的工艺已不再适用，而采用 CC-DSTW 可获得良好的成形质量。

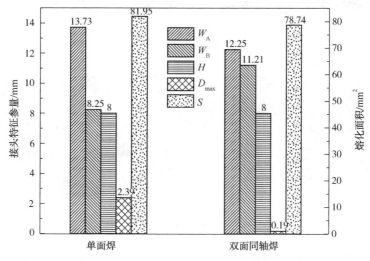

图 2-19　不同焊接工艺的接头几何特征参数

（3）焊接速度对接头形貌的影响

焊接速度的变化会导致热输入的变化，从而影响接头形貌。图 2-20 为不同焊速下的接头形貌。观察发现，随着焊速的增大，熔化面积逐渐减小，双曲线开口由开阔变得狭窄。当焊速增至 34cm/min 时，工件未熔透；焊速降至 19cm/min 时，焊缝中途焊穿，如图 2-21 所示。

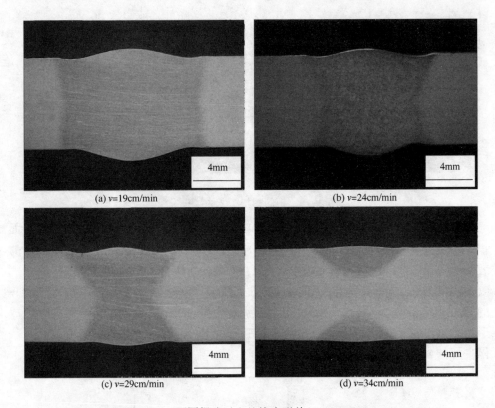

(a) v=19cm/min (b) v=24cm/min

(c) v=29cm/min (d) v=34cm/min

图 2-20　不同焊速对应的接头形貌（200A+120A）

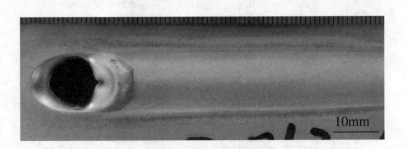

图 2-21　焊缝成形（v=19cm/min）

图 2-22 显示了不同焊速下接头特征参数的变化规律。由图可知，在同一焊速下，A 侧熔宽略大于 B 侧熔宽，原因是焊接电流的设置均为 A 侧 200A，B 侧 120A；随着焊速的增大，熔化面积减小，同时两侧熔宽与中间熔宽均减小，且中间熔宽减小的幅度相对更大。原因是其他条件一定的情况下，焊速增大必然导致热输入降低，接头熔化面积减小，双弧的热量累加效应减弱，反映两侧熔池交汇区尺寸的中间熔宽自然减小。

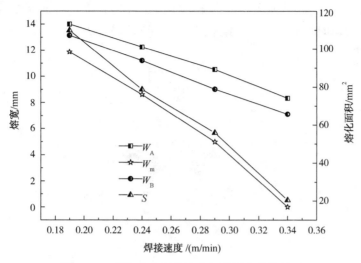

图 2-22　焊接速度与接头几何特征参数的关系

（4）焊接方向对焊缝成形的影响

图 2-23 为采用不同立焊方向获得的 CC-DSTW 成形。向上立焊的焊缝光滑美观，而向下立焊的焊缝一致性较差，且焊缝中心下凹，低于焊趾部位，和常规焊缝形貌完全相反。

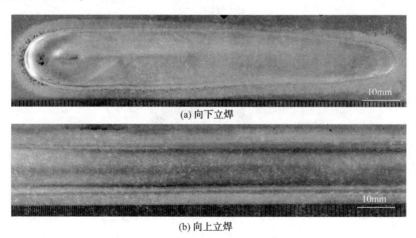

（a）向下立焊

（b）向上立焊

图 2-23　不同立焊方向的焊缝成形（$I=200A+120A$，$v=24cm/min$）

图 2-24 显示了焊接方向对成形的影响机制。向下立焊时熔化金属流向电弧，致使钨极端部与熔池表面的距离 d_d 减小，待 d_d 为 0 时，熔化金属与钨极尖端接触，电弧熄灭，产生粘连。由于熔化金属大量流向电弧，导致先凝固焊道中心部位的熔融金属量严重不足，最终形成中心凹陷而焊趾略微凸起的"马鞍"形焊缝，由于接头有效面积减少，此种焊缝势必会对力学性能产生不利影

37

响。另外，向下立焊熔池大量涌向电弧下方，一定程度上阻碍了电弧对工件的未熔部分继续加热，因此往往熔深较浅。焊道总厚度 D_d 小于 D_u 是立焊成形的重要特征。

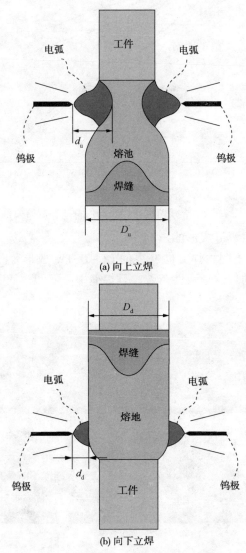

图 2-24　立焊方向对熔池形态的影响机制

向上立焊时焊接方向与重力方向相反，熔池金属由于电弧力和重力作用流向熔池尾部，熔池前端液面下凹，致使钨极端部与熔池表面的距离 d_u 增大，$d_u > d_d$。d_u 和 D_u 均随着热输入的增大而增大，因此不会造成钨极与熔池粘连的问题，而且熔池前端凹陷使得电弧可以更直接的加热熔池底部露出的"新鲜"金属，有助于增大熔深。

（5）双弧间距对焊缝成形的影响

"双弧间距"是指两个电弧在竖直方向上的距离偏差量，对焊缝成形与接头形貌有重要的影响，用 d 表示。图 2-25 所示为双弧间距分别为 0mm、5mm、10mm 时的焊缝成形。随着双弧间距的增大，焊缝表面一致性变差，图 2-25（c）出现了成形不均匀现象，同时焊缝宽度随着双弧间距的增大而逐渐减小，然而值得注意的是，三种参数条件下的焊缝均未发现可视表面缺陷。

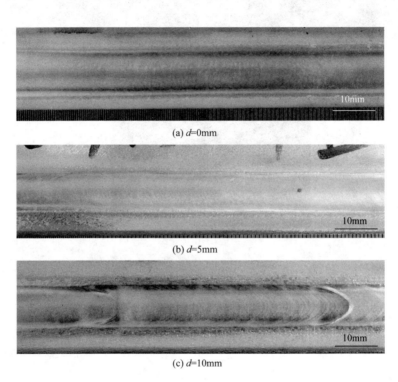

(a) d=0mm

(b) d=5mm

(c) d=10mm

图 2-25　电弧间距对焊缝外观的影响（I = 200A+120A，v = 24cm/min）

图 2-26 显示了不同双弧间距的接头形貌。可见，双弧间距对"双曲线"的离心率有较大的影响，随着双弧间距的增大，"双曲线"的离心率逐渐减小，即开口逐渐变小。在双弧间距为 10mm 时，双曲线已转变为近似"X"形，中间熔宽大幅减小。

图 2-27 为不同双弧间距的接头特征参数。由图可见，随着双弧间距的增大，接头 A、B 两侧的熔宽变化不大，而中间熔宽则大幅下降，熔化面积也随之减小。随着双弧间距的增大，双弧之间的热交互作用减弱，导致熔池交汇区变小，外在表现就是中间熔宽减小。另外，双弧间距增大加快了工件厚度方向的散热，致使热量积累速度小于同轴加热方式。

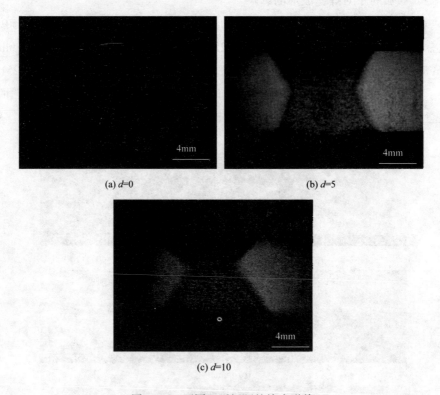

(a) *d*=0   (b) *d*=5

(c) *d*=10

图 2-26   不同双弧间距的接头形貌

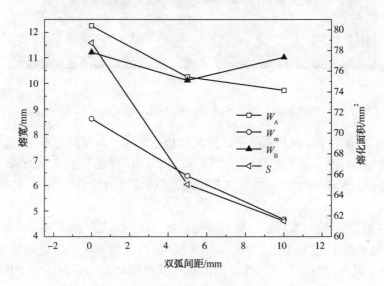

图 2-27   双弧间距对接头几何特征参数的影响

（6）组对间隙对焊缝成形的影响

为了提高工件的熔透率，焊接对接接头时一般需预留间隙，图 2-28 为组对间隙为 1mm 时的焊缝成形。可见焊缝成形极不稳定，图中虚线框标注部分的焊缝熔宽明显变窄且同时产生较严重的咬边，焊缝成形的一致性变差。

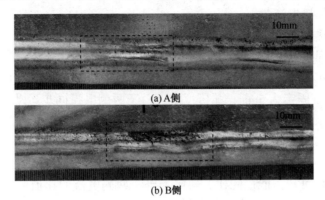

(a) A侧

(b) B侧

图 2-28　预留间隙对焊缝成形的影响

预留间隙的存在导致两侧大部分电弧穿过间隙而相互激烈"冲击"，导致焊接过程不稳定，这与 CC-DSTW 穿孔焊（后文详述）的机理类似。此外，焊缝成形较差的部位还伴随大量黑色物体的出现，判断为焊缝氧化导致，这是由于两侧电弧强烈的相互"冲击"，致使保护气产生紊流，保护效果变差。若预留间隙继续增大，会进一步恶化焊缝成形，已无继续试验的必要。因此，采用 CC-DSTW时，试板组对不建议预留间隙。

2.3.4　热量分配对接头形貌的影响

（1）CC-DSTW 立焊

根据前文，双电源型 CC-DSTW 的主要优势之一就是两台电源的参数可独立调节。本节讨论总热输入不变的情况下，CC-DSTW 立焊与平-仰焊两侧的热量分配对接头形貌的影响规律。

CC-DSTW 的总热输入等于 A、B 两侧电弧的热输入之和，设总热输入为 Q_t，则有

$$Q_t = Q_A + Q_B \qquad (2-1)$$

为了方便研究，定义了能量分配系数的概念，将 A 侧的热输入（Q_A）与 B 侧热输入（Q_B）的比值称为能量分配系数 ε，简称能量配比，即

$$\varepsilon = \frac{Q_A}{Q_B} \qquad (2-2)$$

设 $Q_A \geq Q_B$，则 $\varepsilon \geq 1$。由于 CC-DSTW 立焊时两侧电弧的地位等同，因此 $\varepsilon < 1$ 时的结果与之类同，不再重复讨论。

焊接热输入的计算公式如下:

$$Q = \frac{\eta UI}{v} \qquad (2-3)$$

式中　U——电弧电压;

　　　I——焊接电流;

　　　η——热效率;

　　　v——焊接速度。

电流为 TIG 焊最重要的工艺参数,因此调节电流以改变工件两侧的热输入,两侧的电弧长度固定为 5mm,弧压恒定。由于两侧电弧同步运动,故焊速相等。因此,能量配比的表达式可进行简化:

$$\varepsilon = \frac{Q_A}{Q_B} = \frac{\eta U_A I_A}{v_A} / \frac{\eta U_B I_B}{v_B} = \frac{I_A}{I_B} \qquad (2-4)$$

由式(2-4)可知,能量配比 ε 实际上等于两侧电流的比值。图 2-29 为不同能量配比下 CC-DSTW 立焊的接头形貌。可以看出,熔合线均为"双曲线"形,但离心率不同。随着 ε 的增大,接头形貌逐渐由"双曲线"向"倒马鞍"形转变。根据数学中极限的概念,

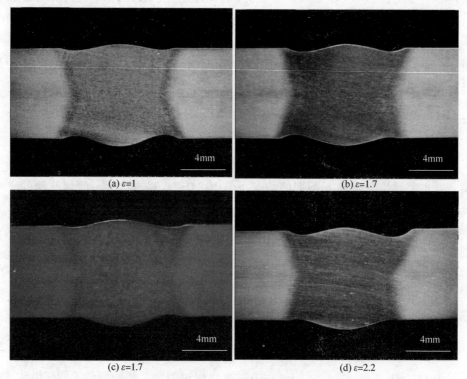

(a) $\varepsilon = 1$　　　　　　　　　　　　　　(b) $\varepsilon = 1.7$

(c) $\varepsilon = 1.7$　　　　　　　　　　　　　　(d) $\varepsilon = 2.2$

图 2-29　不同能量配比的接头形貌($v = 24 \text{cm/min}$)

$$\lim_{I_{B}\to 0}\varepsilon=\lim_{I_{B}\to 0}\frac{I_{A}}{I_{B}}=+\infty \qquad (2-5)$$

当 B 侧电流 I_{B} 趋近于 0 时，ε 趋向于 $+\infty$。当 I_{B} 为 0 时，转变为 A 侧单面 TIG 焊。因此，随着 ε 的增大，CC-DSTW 立焊接头形貌的转变极限是单面立焊的"倒马鞍"形，ε 越大，接头越类似于"倒马鞍"形。

图 2-30 为能量配比与接头特征参数的关系曲线。可见，随着能量配比的增大，A 侧熔宽小幅增大，B 侧熔宽缓慢减小，而中间熔宽基本不变，熔化面积则先增大后减小，$\varepsilon=1.3$ 时达到最大。

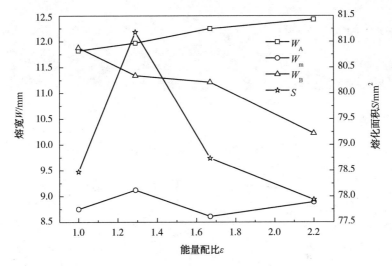

图 2-30　能量配比对接头特征参数的影响

（2）CC-DSTW 平-仰焊

CC-DSTW 平-仰焊过程中，由于熔池所受重力的影响，两侧的热量分配对接头形貌的作用效果迥异，不可简单类比，故针对 $\varepsilon>1$ 和 $\varepsilon<1$ 两种情况分别讨论，能量配比 ε 的定义同上文，设定平焊侧为 A 侧，仰焊侧为 B 侧。如图 2-31 所示为不同的能量配比下 CC-DSTW 平-仰焊的接头形貌。观察发现，焊接接头均呈上凹下凸的"倒拱桥"形。

图 2-32 为不同的能量配比对应的接头特征参数变化曲线。由图 2-32(a)和图 2-32(b)可以看出，总热输入一定的情况下，无论 $\varepsilon>1$ 或 $\varepsilon<1$，A 侧（平焊侧）的熔宽均随着能量配比的增大而小幅增大，B 侧（仰焊侧）熔宽随着能量配比的增大而缓慢减小，而中间熔宽和凹陷深度的变化不明显。$\varepsilon>1$ 时，熔化面积在 $\varepsilon=1.67$ 时降到最低，$\varepsilon<1$ 时，熔化面积在 $\varepsilon=0.60$ 时达到最大。

分别计算 $\varepsilon>1$ 和 $\varepsilon<1$ 的各类接头特征参数的平均值，结果见图 2-32(c)。对比发现，$\varepsilon>1$ 的 A 侧熔宽、中间熔宽、下凹深度和熔化面积均大于 $\varepsilon<1$，只有 B 侧熔宽小于 $\varepsilon<1$，表明 $\varepsilon>1$ 时熔池凹陷程度较大。

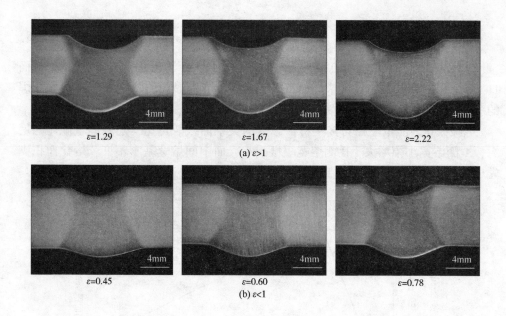

ε=1.29 　ε=1.67 　ε=2.22

(a) ε>1

ε=0.45 　ε=0.60 　ε=0.78

(b) ε<1

图 2-31　不同能量配比对应的接头形貌（$I_A + I_B = 320A$）

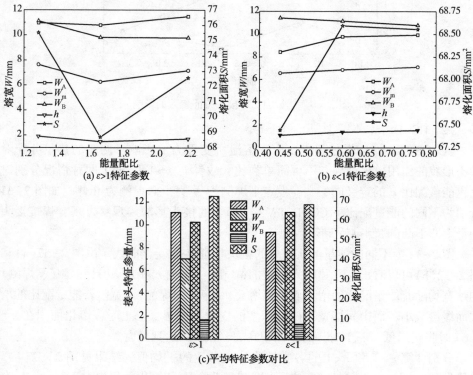

(a) ε>1特征参数

(b) ε<1特征参数

(c)平均特征参数对比

图 2-32　不同能量配比对应的接头特征参数

$\varepsilon > 1$ 即平焊侧热输入大于仰焊侧，平焊侧所受电弧力 F_A 相应的也大于仰焊侧 F_B，故熔池所受电弧力的合力 $F = F_A - F_B$，方向向下［图 2-33（a）］，此时电弧力 F 和重力 G 一起促使焊缝向下凹陷，为焊缝成形的破坏力，而表面张力 σ 为焊缝成形的维持力，重力和电弧力的合力大于表面张力在竖直方向上的分力，熔池受力情况如图 2-33（b）所示，此时熔池受到的合力 F_{t1} 数值为

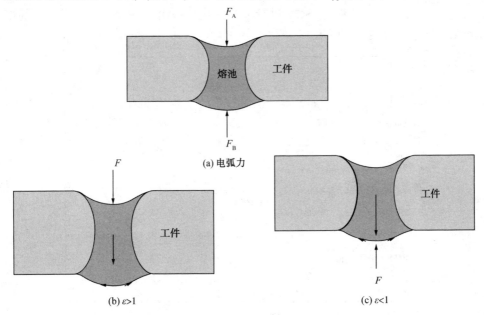

(a) 电弧力

(b) $\varepsilon > 1$

(c) $\varepsilon < 1$

图 2-33　CC-DSTW 平-仰焊熔池受力模型

$$F_{t1} = G + F - \sigma_y \qquad (2-6)$$

式中　σ_y——表面张力在 y 方向的分力。

熔池所受合力的方向竖直向下，导致熔池金属大幅流向仰焊侧，熔池液面严重凹陷。相反，$\varepsilon < 1$ 表明仰焊侧热输入大于平焊侧，因此 $F_A < F_B$，熔池所受电弧力的合力 F 方向向上，电弧力和表面张力均为焊缝成形的维持力，只有重力 G 为促使熔池下凹的破坏力，熔池受力情况如图 2-33（c）所示，此时熔池受到的合力 F_{t2} 数值为

$$F_{t2} = G - F - \sigma_y \qquad (2-7)$$

方向向下。由于 $\varepsilon > 1$ 与 $\varepsilon < 1$ 时的总热输入相等，可以认为熔池重力 G 相等。另外，在电流组合不变的情况下，无论是哪一侧的电流大，电弧力的合力 F 在数值上均相等，但方向相反。与熔池重力和电弧力相比，表面张力比较小，可认为其远小于 G 和 F，因此，综合以上分析可知：

$$F_{t1} = G + F - \sigma_y > G - F - \sigma_y = F_{t2} \qquad (2-8)$$

$\varepsilon > 1$ 时熔池所受合力 F_{t1} 大于 $\varepsilon < 1$ 时熔池所受合力 F_{t2}，因此 $\varepsilon > 1$ 时熔池的凹陷程度比 $\varepsilon > 1$ 时大。当然，该处的受力分析仅仅是从熔池稳定前的状态（受力尚未平衡）出发，而熔池最终保持"倒拱桥"形一定是因为受力再次达到了平衡，

在平衡的过程中某些力的大小发生了变化，这将在第 5 章中详细阐述。$\varepsilon>1$ 时熔化面积变大可能是因为熔池严重凹陷导致更多的未熔金属界面露出，更好地吸收电弧热量，致使熔化程度进一步增大。

2.3.5 熔透工艺参数区间

通过大量试验，对 CC-DSTW 进行工艺优化，得出 CC-DSTW 立焊接头的熔透参数范围，如图 2-34 所示。

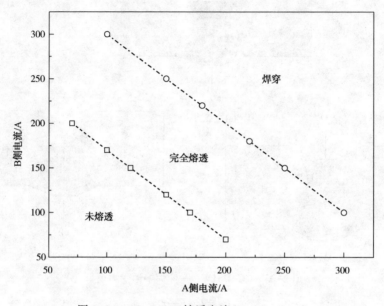

图 2-34 CC-DSTW 熔透电流($v=24cm/min$)

由图可知，双弧电流组合处于虚线以下位置时，大部分接头出现未熔透现象，相反，电流组合处于点划线以上位置时，大部分接头焊穿，而中间区域为全熔透的工艺参数范围。

根据前文分析，结合拉伸试验检测结果，两侧热输入越接近，强度越高(具体见第 6 章)，得出 8mm 厚铝合金 CC-DSTW 立焊的最佳工艺参数为：组对间隙 0，两侧电流 160A，钨极端部与工件表面的距离 5mm，焊接速度 24cm/min，气体流量 13L/min。

2.4 高氮钢 CC-DSTW 工艺特性

高氮钢在海洋工程、兵器装备、压力容器等领域具有巨大的应用潜力，而焊接作为重要的连接手段之一，必将在高氮钢的应用中发挥不可或缺的积极作用。本节重点研究高氮钢 CC-DSTW 的工艺特性。

2.4.1 纯氩保护高氮钢焊接试验

首先采用恒定电流进行高氮钢焊接工艺试验，通过大量试验发现，焊缝成形的一致性不易控制。主要原因是高氮钢液态下的铺展性较差，容易聚集成滴，从而形成焊瘤或驼峰。

脉冲电流是波形随时间周期性变化的电流，或同向出现，或正、负交替出现，直流方波脉冲的波形如图 2-35 所示。在峰值电流 I_p 作用期间(一个周期内持续作用时间为 t_p)，电弧熔透能力较强，熔池扩展；基值电流 I_b 作用期间(一个周期内持续作用时间为 t_b)，电弧处于维持状态，熔池凝固。脉冲电流焊接具有热量可控性好、熔池搅拌作用强和细化晶粒等特殊优势。由于电流的脉冲变化，与电流密切相关的热和力的物理量均会同步产生周期性变化。

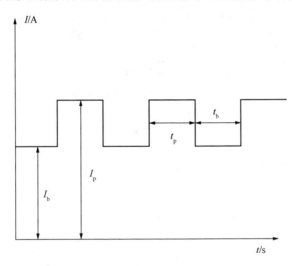

图 2-35 脉冲电流波形

为了提高焊缝成形的一致性，改进工艺为双面脉冲焊，试验后发现工艺的可重复性欠佳，分析原因是双面同时采用脉冲电流，可能出现随机相位差。如图 2-36 所示为 CC-DSTW 两侧可能出现的电流相位情况，图 2-36(a)为双弧相位完全一致，相位差为 0，图 2-36(b)的双弧相位差为 180°，图 2-36(c)为双弧相位随机。尽管两个电弧的参数设置完全一致，但由于相位不同，仍会导致不同的熔化状态。

如图 2-37 所示为 CC-DSTW 不同时刻的总电流变化情况，体现了总热输入随时间的变化情况。显而易见，由于电流相位变化导致总电流的波形发生了显著的变化，必然导致不同的焊接效果。采用图 2-37(a)和图 2-37(c)相当于不同波形的脉冲焊，而采用图 2-37(b)的参数则相当于恒定电流焊接，对熔池只有搅拌作用，而无周期性冷却效果。

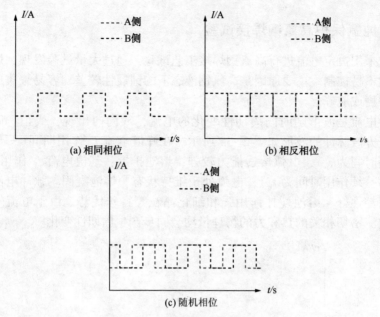

图 2-36　可能的电流相位情况

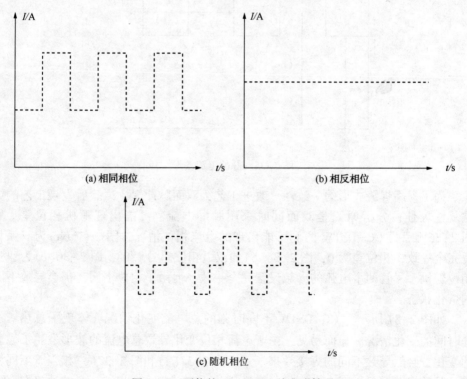

图 2-37　可能的 CC-DSTW 总电流情况

因此对焊接工艺进一步优化，改用 A 侧脉冲电流+B 侧恒定电流的组合焊模式，最终获得了稳定的成形质量。三种焊接工艺的参数见表 2-3。

表 2-3　高氮钢焊接工艺参数

焊接工艺	电流					焊接速度/（cm/min）
	A 侧				B 侧/A	
	脉冲/A	基值/A	频率/Hz	占空比/%		
恒定电流	145	145	145	145	145	21
双面脉冲	135	75	5	50	同 A 侧	15
单面脉冲	222	44	5	50	133	25

图 2-38 为三种工艺的焊缝外观对比。可以看出，采用恒流焊工艺的焊缝出现了焊瘤、驼峰和孔洞等缺陷，而双侧脉冲焊与单侧脉冲焊的成形则明显得以改善。根据上文，双侧脉冲焊由于相位问题导致熔透情况的可重复性较差，因此确定了一侧脉冲焊与另一侧恒流焊的组合工艺，既可利用周期性变化的电磁力搅拌熔池，又可控制热输入。另外，不同工艺的焊缝均出现了咬边现象，原因是高氮钢熔体较大的表面张力使得液态金属不断向焊缝中心聚拢。

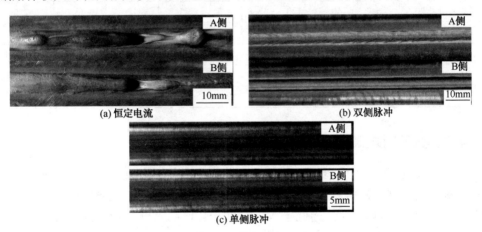

(a) 恒定电流　　　　　(b) 双侧脉冲

(c) 单侧脉冲

图 2-38　不同工艺的高氮钢焊缝成形

2.4.2　氩氮保护高氮钢焊接试验

根据氮含量检测结果可知，采用纯氩保护气，高氮钢焊接接头容易产生氮损失的问题，为了抑制氮的流失，采用不同配比的氮氩二元保护气进行焊接试验。

试焊后发现，在其他条件相同的情况下，保护气中加入氮气导致电弧电压大幅升高，热输入增大。因此，为避免焊穿，在增加氮气比例的同时相应降低焊接电流，以达到"熔透而不熔穿"的效果。焊接规范如表2-4所示，热输入是通过下式计算得到的：

$$Q = \frac{(U_{Aa}I_{Aa} + U_{Ba}I_B)\eta}{v} \tag{2-9}$$

式中　U_{Aa}、U_{Ba}——A、B两侧的平均弧压；

　　　I_{Aa}——A侧的平均焊接电流；

　　　I_B——B侧电流；

　　　η——热效率(取值0.7)；

　　　v——焊接速度。

表2-4　焊接工艺参数

电流					电压/V					
A侧							焊接速度/	氮气比	气体流量/	热输入/
脉冲/ A	基值/ %	频率/ Hz	占空比/ %	B侧/A	A侧	B侧	(cm/min)	例/%	(L/min)	(kJ/m)
222	20	5	50	133	12.9	12.1	25	0	13	558.6
200	20	5	50	120	13.8	14.1	25	10	13	562.5
191	20	5	50	115	14.6	14.0	25	20	13	552.6
183	20	5	50	110	16.5	15.3	25	40	13	587.7
166	20	5	50	100	17.0	17.1	25	60	13	572.9
141	20	5	50	85	20.3	19.9	25	100	13	574.1

2.4.3　氮气对电弧电压的影响

在高温电弧气氛中，多原子分子受到热作用会分解为独立单原子，该现象一般被称为热解离，解离后原子持续吸热，还会发生热电离。室温下氮气(N_2)分子的键能为163.2kJ/mol，远低于N—C(305.4kJ/mol)和N—H(389.1kJ/mol)的键能，因此N_2在高温下很容易发生解离，解离方程式如式(2-10)所示，其中[N]指氮原子。另外，氮原子(N)的第一电离能为1402kJ/mol，其在高温下易失去电子，从而形成带不同数量电荷的阳离子，电离方程式见式(2-11)。由于N_2的解离与电离均为吸热反应，因此对电弧有冷却作用，根据最小电压原理，电弧有保持最小能量消耗的特性，因此受到外界冷却时弧柱收缩，导致电流密度和电场强度增大，电弧电压升高。

$$N_2 \Longleftrightarrow 2[N] \tag{2-10}$$

$$[N] - ne \Longleftrightarrow N^{n+} \tag{2-11}$$

为了揭示弧压的变化规律，采用基于霍尔元件和 Labview 平台的电信号参数传感系统获取弧压变化。鉴于焊接过程中工件变形会引起两侧弧压严重不对等，为了方便对比，提出 CC-DSTW 总弧压(U_t)的概念，具体是指两侧弧压之和，焊接过程中 U_t 的变化如图 2-39(a)所示。显然，保护气中氮气比例提升时，U_t 增大；氮气比例越高，弧压变化程度越剧烈。

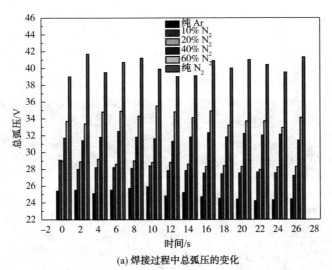

(a) 焊接过程中总弧压的变化

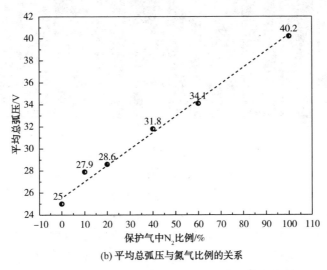

(b) 平均总弧压与氮气比例的关系

图 2-39　电弧电压随保护气中氮气比例的变化规律

如图 2-39(b)所示为 U_t 平均值与氮气比例的关系规律。可见，当保护气体的 N_2 比例从 0 增加到 100% 时，U_t 平均值从 26.0V 增加到 40.2V。对 U_t 平均值与氮气比例(以 λ 表示)的关系进行拟合，解析式如式(2-12)，可决系数为

0.9894，表明总弧压与保护气中氮气比例之间近似存在线性关系。随着氮气比例的提高，总弧压均值近似呈线性增大。

$$U_t = 0.14494\lambda + 25.71065 \qquad (2-12)$$

2.4.4 氮气对焊缝成形的影响

图 2-40 显示了不同保护气条件下的焊缝成形，工艺参数如表 2-4 所示。可以看到，采用纯氩保护的焊缝表面光滑无飞溅，而采用氮氩混合保护的焊缝表面产生了不同程度的飞溅。图 2-40(a) 的高倍照片显示了保护气为纯氮时焊缝表面的密集点状飞溅，反映了焊接过程的稳定性变化。

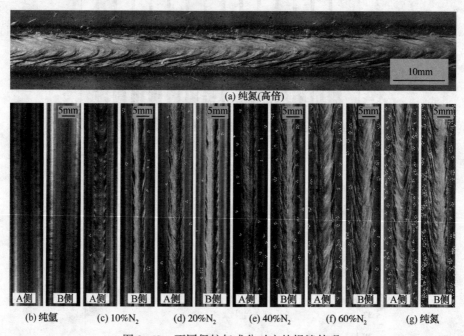

图 2-40　不同保护气成分对应的焊缝外观

为定量评估保护气组分与焊接飞溅的关系规律，用点虚线标记，并对尺寸超过 0.2mm 的飞溅数量和最大飞溅的尺寸进行统计与测量，结果如图 2-41 所示。很明显，飞溅随着保护气中氮气比例的提升而加重，原因分析如下：氮气在液态钢中的溶解度比较有限，伴随氮向熔池的熔入，同时会有熔池中的氮以氮气的形式逸出，而氮气逸出的时候需要克服熔池的表面张力和电弧力，突破高温液态金属的包围，所以逸出过程通常较为剧烈，伴随着不同程度的"爆炸"现象。另外，CC-DSTW 的熔池有两个表面，氮气从哪一侧逸出往往比较随机，导致逸出过程杂乱无章，扰乱了保护气的流向，甚至导致电弧发生不规则变形，引起熔池受热和受力不均，进一步增加飞溅。随着保护气中氮气比例的提高，更多的固溶氮从熔池中逸出，飞溅程度持续增加。

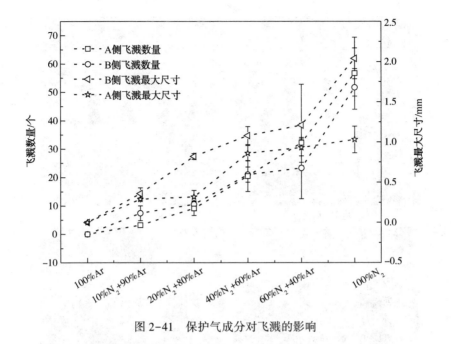

图 2-41　保护气成分对飞溅的影响

2.4.5　氮气对钨极烧损的影响

氮气加入后对钨极的烧损情况产生较大的影响，如图 2-42 所示为不同保护气对应的钨极焊后形貌。氮气加入后，钨极尖端锥面产生明显烧损，主要原因是在电弧加热的高温环境下，金属钨与氮气发生了化学反应，反应方程式如式（2-13）所示，反应产物为棕褐色的氮化钨（β-W_2N），附着于钨极表面。

对比不同氮气比例下的钨极形貌，发现氮气比例的提高对钨极烧损程度影响并不大。原因是氮化钨为亚稳相，稳定性较差，在 600℃ 时又可分解为钨与氮气。

$$4W+N_2 \Longleftrightarrow 2W_2N \tag{2-13}$$

2.5　CC-DSTW 变形与缺陷控制

除了焊缝外观与接头形貌以外，焊缝成形质量评价还包括焊接变形与焊接缺陷的检测。焊接变形对构件安装精度有严重的不利影响，过大的变形也会导致结构的承载能力下降；焊接缺陷会减小接头截面积，产生应力集中，引发裂纹生长，同样降低接头承载能力。因此，对焊接变形与缺陷问题的研究具有重要的理论与实际意义。本节主要针对 CC-DSTW 的变形与缺陷问题展开分析与讨论。

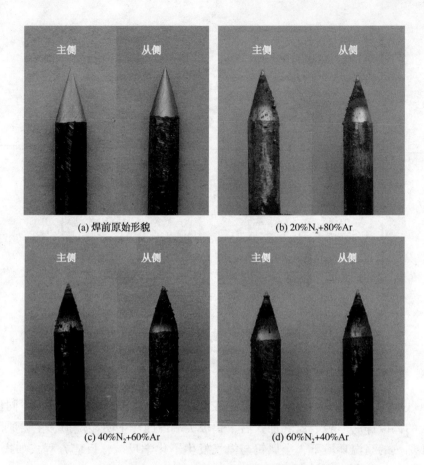

(a) 焊前原始形貌

(b) 20%N$_2$+80%Ar

(c) 40%N$_2$+60%Ar

(d) 60%N$_2$+40%Ar

图 2-42　不同保护气比例对应的钨极形貌

2.5.1　变形

角变形是单面焊时最容易产生的焊接变形类型，产生原因是单面焊的接头横截面距离电弧近的一端较宽，而远离电弧的一端较窄，在板厚方向上横向收缩不均匀，导致焊件发生角向偏转（图 2-43）。在工件任意一侧进行单弧焊接，焊后试板一般都会向电弧所在侧弯曲，如图 2-44 所示。在其他条件一定时，设定工件 A 侧单面焊的角变形为+β，则 B 侧单面焊角变形为-β。

图 2-45 为 CC-DSTW 与单面 TIG/MIG 焊的角变形情况对比。可以看到，单面 MIG 焊的接头角变形最大，达到 5.3°，单面 TIG 焊次之（2.8°），而 CC-DSTW 角变形近似为 0°。这充分证明了 CC-DSTW 可有效地抑制变形，由于 CC-DSTW 两侧电弧对称加热工件，双弧产生的角变形大小相等而方向相反，相互抵消，横向收缩达到平衡，因此通常只产生微小的或不产生角变形。

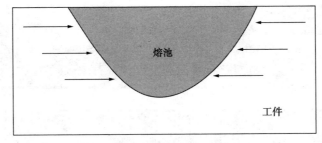

(a) 收缩应力不均

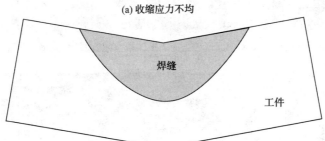

(b) 焊后角变形

图 2-43　单面焊角变形

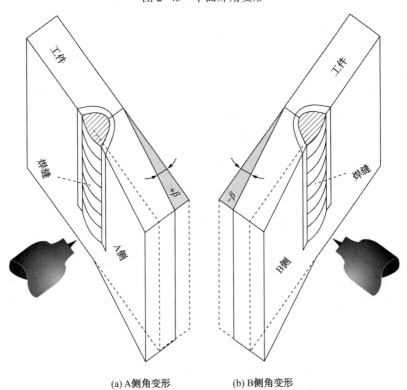

(a) A侧角变形　　　　(b) B侧角变形

图 2-44　单面焊角变形

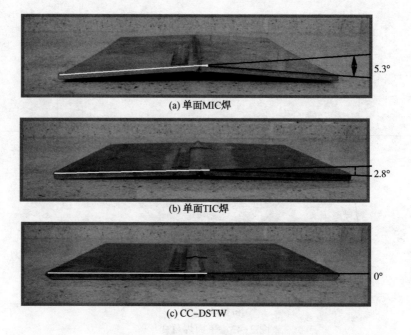

(a) 单面MIC焊

(b) 单面TIC焊

(c) CC-DSTW

图 2-45　不同工艺的焊缝角变形对比

2.5.2　气孔

（1）CC-DSTW 对氢气孔的作用

气孔是铝合金焊缝中最容易出现的缺陷之一，主要为氢气孔。本质上，气孔即熔池凝固过程中未及时逸出而残存于焊缝中的气泡。气泡要在液体中稳定存在，需要满足以下的压力平衡方程：

$$p_i = p_a + \Delta p_1 + \Delta p \tag{2-14}$$

式中　p_i——气泡内部压力；

　　　p_a——大气压；

　　　Δp_1——气泡上下表面的液体压力差；

　　　Δp——气泡外壁弯曲液面的附加压力。

铝合金易氧化的特性使其在大气环境中存放时表面容易形成一层疏松的氧化膜，氧化膜会大量吸收空气环境中的水分，而在焊前清理时往往又不能被彻底清除，成为氢进入熔池的主要途径。另外，氢源还包括焊丝、保护气、送丝系统中的水分与杂质。

氢在高温液态金属中的溶解度较大，但在低温液态金属和固态金属中的溶解度较小。溶解度的差异导致焊接熔池凝固时溶解的氢达到过饱和状态，随后产生形核、长大和上浮等行为，最终逸出熔池或残留于焊缝中。当式（2-14）的左边大于右边，即内部压力大于外部压力之和时，气泡开始长大。式（2-15）为浮力的计算公式：

$$F_b = \rho g V \tag{2-15}$$

式中　F_b——浮力；

　　　ρ——金属液体的密度；

　　　g——重力加速度；

　　　V——排开金属液体的体积。

根据上式，气泡体积增大，导致所受浮力等比例增大。当气泡的上浮速度小于熔池的凝固速度时，可能滞留于熔池中而形成气孔。气泡的逸出速度 v 可以用下式表述：

$$v = \frac{2(\rho - \rho_g) g R^2}{9\eta} \tag{2-16}$$

式中　ρ_g——气泡内气体的密度；

　　　R——气泡的半径；

　　　η——液态金属的黏度。

与钢相比，液态铝合金的黏度很低，由式（2-16）可知，这有利于增大气泡的逸出速度，然而，铝合金的导热系数很高，熔池凝固速度快，这又不利于气泡的逸出。另外，在焊接过程中，熔池始终处于剧烈的波动中，气泡会受到熔池中的多种流动行为的影响，对气泡的逸出产生积极或消极的影响。因此，气孔的产生不是单一因素导致，而是多因素综合作用的结果。

图 2-46 对比了铝合金 CC-DSTW 与常规 MIG 焊接头的 X 射线照片，发现 CC-DSTW 对气孔的产生有一定的抑制作用。由图可见，铝合金 MIG 焊焊缝两侧存在大量的密集链状气孔，而 CC-DSTW 的焊缝气孔数量显著降低，尺寸也大幅减小。

工件熔透时，采用一次单面焊和 CC-DSTW 所需的热量相差不大，因而熔池体积也相当，但单面焊熔池中的气泡只能从一侧液面逸出，而 CC-DSTW 则可从两侧液面同时逸出。气体逸出通道增加，残留在熔池中的气泡数量自然减少，因此气孔数量减少。另一方面，气体的密度较小，在熔池中总有向上运动的趋势，因此随着焊接过程的进行，熔池不断向上移动，熔池中的气泡或以更快的速度向熔池前端运动，最终聚拢在收弧处或从弧坑部位的熔池液面逸出，从而降低了主体焊缝的气孔风险，原理如图 2-47 所示。此外，双弧电磁力对熔池的搅拌作用较单弧更强，也对减少熔池中的气孔和杂质有积极作用。综上分析，CC-DSTW 对铝合金焊缝气孔的产生有抑制作用。当然，与 MIG 焊相比，TIG 焊过程明显更稳定，焊缝保护效果更好，这也是气孔数量减少的原因之一。

图 2-46 中对比还可发现，板厚为 10mm 时气孔有增加的倾向，这是由于板厚增加，熔透所需的热输入增大，相应的熔池体积增大，熔池中气泡的形核和逃逸行为均有所增加，但是由于较大的板厚增加了气泡逸出的行程，致使许多气泡

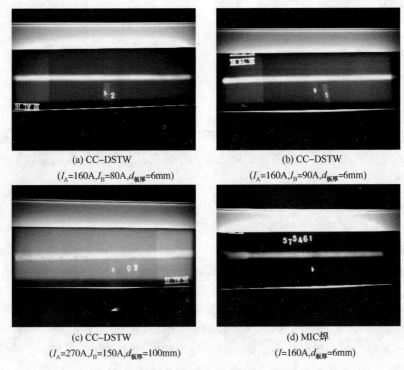

(a) CC–DSTW

(I_A=160A,I_B=80A,$d_{板厚}$=6mm)

(b) CC–DSTW

(I_A=160A,I_B=90A,$d_{板厚}$=6mm)

(c) CC–DSTW

(I_A=270A,I_B=150A,$d_{板厚}$=100mm)

(d) MIC焊

(I=160A,$d_{板厚}$=6mm)

图 2-46　铝合金典型焊缝射线检测结果

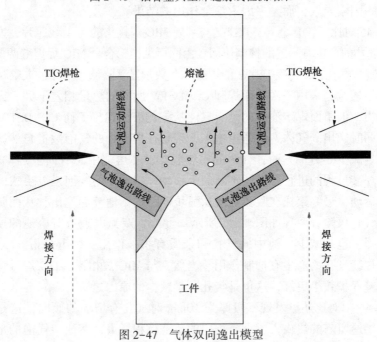

图 2-47　气体双向逸出模型

来不及逸出而形成气孔。

（2）保护气成分对氮气孔的作用

高氮钢焊接易发生氮流失的问题，会对接头性能带来不利影响。采用保护气中添加氮气的方法，可以有效地提高接头的含氮量，但是，氮气的加入往往会导致焊缝产生氮气孔。图2-48为焊缝的X射线探伤底片，可见，纯氩保护时，焊缝中未发现气孔，根据NB/T 47013.2—2015评定为Ⅰ级，表明CC-DSTW工艺也可以很好地抑制高氮钢焊缝氮气孔的产生；但随着保护气中氮气添加比例的上升，焊缝中开始出现气孔并逐渐增多，且主要呈密集型链状。

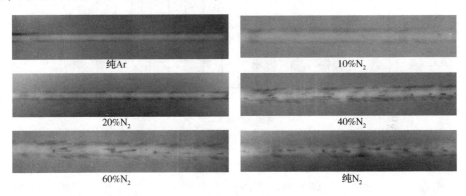

图 2-48　焊缝 X 射线检测

由于焊缝尺寸不完全相等，因此，为了定量研究氮气比例对气孔的影响规律，定义气孔率为焊缝截面中气孔的总面积在焊缝总面积中所占的百分比，如式（2-17）：

$$p = \frac{S_p}{S_w} \times 100\% \tag{2-17}$$

式中　S_p——气孔总面积；

　　　S_w——焊缝截面面积。

图2-49为不同的氮气比例下焊缝中的气孔数量和气孔率。观察发现，随着保护气中氮气比例的提高，焊缝中气孔数量一直增大，最大达到15，同时气孔率也一直增大，纯氮保护时达到最大（5%）。

分析氮气孔出现的原因，主要是高氮钢冶炼时多在高压氮气氛中进行，常压下氮在钢液中的溶解度有限，而CC-DSTW则是在常压下完成，氮在熔池中的溶解度很低，容易过饱和，从而导致熔池中多余的氮原子结合为氮气分子从熔池表面逸出［式（2-18）］，而焊接时熔化金属的凝固速率很快，部分氮分子未能及时逸出，残留于焊缝中形成气孔。随着氮气比例的进一步提高，来不及逸出的氮分子增多，氮气孔的数量也相应增加。

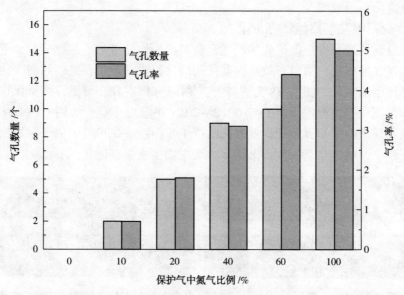

图 2-49　保护气中 N_2 比例对焊缝气孔的影响

$$2[N] \longrightarrow N_2 \tag{2-18}$$

根据上文,高氮钢焊缝氮气孔产生的原因在于常压下氮在液态高氮钢中的溶解度有限,因此在高压氛围下焊接是比较自然的思路,这将需要搭建承压的全封闭工作空间,然这种方法目前尚处于研究探索阶段,尚未获得实际应用。因此,控制保护气中的氮气比例是更为立竿见影的做法。根据上文,采用纯氩保护时焊缝中未发现气孔,当保护气中氮气比例达到 10% 时,焊缝中气孔数量为 2,但为了避免焊缝性能降低,需要结合焊缝含氮量进行综合考虑。

经检测,纯氩保护时焊缝的含氮量略低于母材,所以在承载要求低或无承载要求的情况下,可酌情采用纯氩保护气焊接高氮钢。当保护气中氮气比例为 10%、20%、40%、60% 和 100% 时,焊缝含氮量均高于母材,因此若有较高的承载要求时,应适当提高氮气比例,但应控制在 20% 以下,可以在不影响接头性能的前提下尽量减少焊缝气孔。另一方面,根据前文,保护气中氮气比例在 20% 以下时,焊接飞溅相对轻微,焊接过程比较稳定。关于高氮钢接头含氮量检测的具体数据和原因分析,本书后文会做深入讲解。

2.5.3　驼峰

焊瘤和驼峰是高氮钢 CC-DSTW 立焊过程中很容易出现的成形缺陷。虽然目前学术界对驼峰产生机理的认识不尽相同,但多数学者认为其与熔体向熔池尾部的流速过高有密切联系。试验发现,材料的物理特性和熔池凹陷部位的回填行为也与驼峰的产生息息相关。

首先，液态高氮钢的表面张力和黏度极大，导致熔池的流动性大幅减弱，易聚集成球状或滴状，加之高氮钢的导热系数较小，热量容易在焊缝部位积累，当熔池增大到表面张力无法支撑时，大量液态金属在重力作用下加速流向熔池尾部，凝固后形成波峰和波谷。由于滴状熔池长大到表面张力难以支撑是需要时间积累的，故而波峰波谷交替出现，间隔时间即为交替周期，这样周期性出现的波峰、波谷就形成了驼峰焊道(图2-50)。

(a) A侧　　　　　　　　　　　　　(b) B侧

图 2-50　驼峰焊道

试验发现，立焊比其他焊接位置更容易产生驼峰缺陷，原因是立焊时金属对熔池凹陷部位的回填行为大幅减弱。立焊和平焊时液态金属的回填行为对比如图2-51所示。产生这种差异的主要原因是立焊时重力 G 的方向与焊接方向相反，重力会促进熔化金属向熔池尾部运动，不能自动回填，拉长了熔池长度($H_v > H_f$)，这些因素均可加剧焊瘤和驼峰的形成。然而，平焊过程中重力方向与焊接方向垂直，重力会阻碍液态金属向熔池尾部流动，同时促进已经流入熔池尾部的液态金属向熔池前端凹陷部位回填，从而降低驼峰的产生概率。

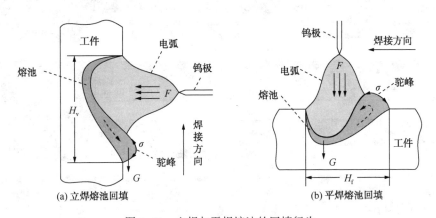

(a) 立焊熔池回填　　　　　　　　　　(b) 平焊熔池回填

图 2-51　立焊与平焊熔池的回填行为

综合上文表述，驼峰焊缝的形成主要与母材自身的物理特性(主要是表面张力、黏度、导热系数等)以及熔体向熔池尾部流动的速度有关。相比之下，改变材料自身性质较难实现，但熔体向熔池尾部的流动速度可通过调节焊速和改变电流形式进行调控。

焊接速度降低，熔体向熔池尾部的流动速度也会降低，减缓液态金属向熔池尾部堆积，从而减少驼峰的产生。图 2-52 为不同焊速情况下的焊缝成形对比。由图可见，焊速降低后，驼峰现象初步得到控制。

(a) v=24cm/min,Q=630kJ/m   (b) v=21cm/min,Q=644kJ/m

图 2-52　焊速对驼峰的影响

降低焊速的方法虽然可一定程度上抑制驼峰，但会导致焊接参数的选择范围变窄，多次试验时往往出现熔透情况不稳定的现象。为了解决上述问题，改变电流形式，采用脉冲电流焊接，使熔池在"冷-热"交替中获得周期性冷却，可避免熔池体积和质量过大，而质量过大的熔池受到重力作用会高速下淌，因此采用脉冲电流焊接相当于减小了金属流向熔池尾部的速度，对焊缝成形的改善有显著的效果。图 2-53 显示了不同焊速下的脉冲 CC-DSTW 成形。从图中可以看出，在

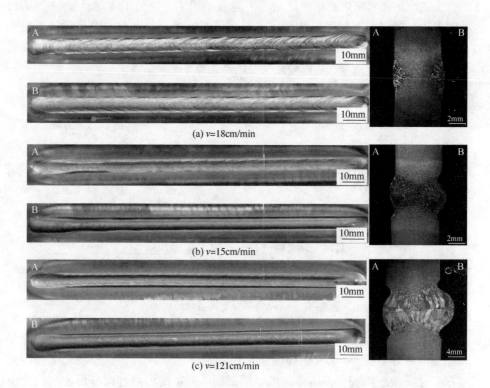

(a) v=18cm/min

(b) v=15cm/min

(c) v=121cm/min

图 2-53　脉冲 CC-DSTW 焊缝形貌

多种焊速条件下，焊缝均未产生驼峰缺陷，当焊速为 21cm/min 和 18cm/min 时，焊缝截面形貌显示未熔透，焊速降至 15cm/min 以下时开始熔透，焊缝表面鱼鳞纹变得模糊，颜色变深，这与焊速降低导致的热输入增大有关。综合来看，采用脉冲 CC-DSTW 可大幅降低焊缝成形对工艺参数的敏感性，可在较宽的参数范围内获得全熔透焊接接头而不产生焊瘤、驼峰等成形缺陷。

3 CC-DSTW传热特性

焊接时，将某一时刻工件上各点的温度分布称为温度场。在CC-DSTW过程中，温度场对熔池形态、接头轮廓和焊缝成形有重要的影响。由于CC-DSTW热源位置的特殊性，两侧输入的热量与焊缝中心的热量具有较大的差别，研究焊接温度场的分布特点对深入理解焊接接头的形成规律和焊道形状的精确控制有积极意义，同时亦有助于理解和掌握熔池的流动特征。在焊接缺陷产生方面，温度场也有重要的影响，CC-DSTW接头中部未熔透、熔合不良等缺陷的产生与温度场分布有直接联系，因此，研究温度场分布特征也有助于减少焊接缺陷，提高接头质量。另外，焊接温度场直接反映了焊接加热过程的特征，很大程度上决定了接头的焊后组织，并对焊件中的残余应力与焊后变形产生巨大的影响。

综上所述，研究CC-DSTW的温度场具有十分重要的理论和实际意义，但实际焊接时，由于电弧具有极高的温度（一般>5000K）和亮度，直接测量熔池的温度场难度很大，常常采用数值模拟的手段进行研究。本章将分别对铝合金和高氮钢的CC-DSTW温度场数值模拟结果进行描述。

3.1 CC-DSTW温度场数值模拟

焊接过程是一个复杂的包含热量交换与力传递的过程，在进行数值计算时若考虑所有的因素，不仅计算过程复杂，而且往往较难甚至不能得出可靠的结论。因此，一般只考虑感兴趣的部分及相关影响因素，而对那些影响微弱的因素则需要简化甚至忽略。本书在温度场计算中，做出如下假设：

① 双弧的热流密度在工件表面上呈高斯分布（图3-1），即

$$q(r) = q_m \exp(-Kr^2) \qquad (3-1)$$

式中　$q(r)$——距离热源中心r处的热流密度；

　　　q_m——热源中心处的最大热流密度；

　　　K——热能集中系数。

② 熔池中的液态金属为黏性不可压缩流体，其流动为层流；

③ 忽略立焊过程中重力对熔池形态的影响，认为熔池表面不产生变形。

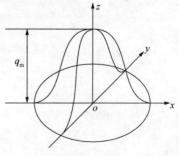

图3-1　高斯热源热流密度

3.1.1 有限元模型

（1）热源模型

选择合适的热源模型对提高焊接温度场模拟的准确性具有十分重要的作用。目前，焊接模拟中常用的热源模型主要有高斯模型、椭球模型和双椭球模型几种。对于钨极氩弧焊和手工电弧焊等电弧冲击力较小的焊接方法，采用高斯分布的热源模型即可获得可靠的结果，因此，模拟选用高斯热源模型，其函数表达式为

$$q(r) = \frac{3\eta UI}{\pi R^2} \cdot \exp\left(-\frac{3r^2}{R^2}\right) \tag{3-2}$$

式中　R——电弧有效加热半径；

　　　r——焊件上任意点至电弧加热斑点中心的距离；

　　　η——焊接热效率；

　　　U——电弧电压；

　　　I——焊接电流。

（2）控制方程

针对三维非稳态热传导问题，控制方程可用以下热量平衡方程表述：

$$\rho(T)c(T)\frac{\partial T}{\partial t} = \frac{\partial}{\partial x}\left(\lambda \frac{\partial T}{\partial x}\right) + \frac{\partial}{\partial y}\left(\lambda \frac{\partial T}{\partial y}\right) + \frac{\partial}{\partial z}\left(\lambda \frac{\partial T}{\partial z}\right) + q \tag{3-3}$$

式中　T——温度分布，为坐标(x, y, z)和时间t的函数；

　　$\rho(T)$——材料的密度；

　　$c(T)$——材料的比热容；

　　　λ——材料的导热系数；

　　　q——内热源热流密度。

（3）定解条件

模拟计算的实质为求解方程组，需要一定的初始条件和边界条件。焊接模拟时，边界条件需考虑工件与周围环境之间的对流和辐射换热，主要为对流换热：

$$-\lambda \frac{\partial T}{\partial n} = h(T_s - T_0) \tag{3-4}$$

式中　λ——导热系数；

　　　T_s——工件表面温度；

　　　T_0——环境初始温度；

　　　h——对流换热系数。

计算时主要考虑工件的 A、B 两侧，忽略其余侧面（面积太小）。由于 A、

B 两个侧面主要与空气接触，与夹具接触面积很小，因此以自然对流换热为主，空气的自然对流换热系数为 16W/（m·℃）。材料的初始温度等于环境温度（25℃）。

3.1.2　铝合金温度场

（1）几何模型与网格划分

根据铝合金试板的尺寸，建立三维几何模型。试板规格为 300mm×150mm×8mm，接头形式为对接，I 形坡口，预留间隙为 0，采用自熔焊方式，建立的几何模型如图 3-2 所示。

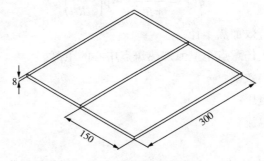

图 3-2　工件三维几何模型

焊接过程中工件各部分受到热源的不均匀加热和冷却，造成了各部分不同的温度梯度。划分网格时考虑这一因素，因此近缝区网格致密，而远离焊缝的网格相对稀疏，可在保证精度的同时兼顾效率。图 3-3 为采用 ANSYS 软件对三维模型划分的网格，共 59400 个单元，51667 个节点。

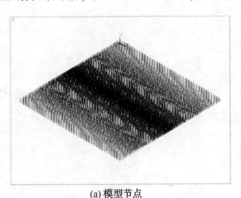

(a) 模型节点　　　　　　　　　　　　　(b) 网格划分

图 3-3　工件模型网格划分

（2）物性参数

铝合金的主要物性参数与温度的关系如图 3-4 所示。

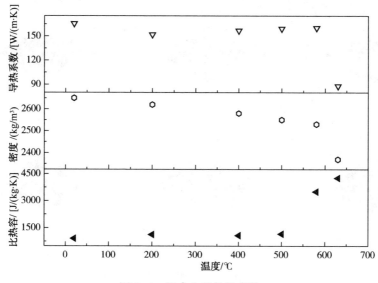

图 3-4　铝合金的物性参数

（3）温度场求解

温度场模拟时设置焊接电流为 160A，电压为 17V。图 3-5 和图 3-6 分别依次显示了 CC-DSTW 和单面 TIG 焊不同时刻的温度场。可以看到，采用两种工艺焊接时，工件表面的温度均呈近似椭圆形分布，CC-DSTW 时，工件的高温区面积更大。

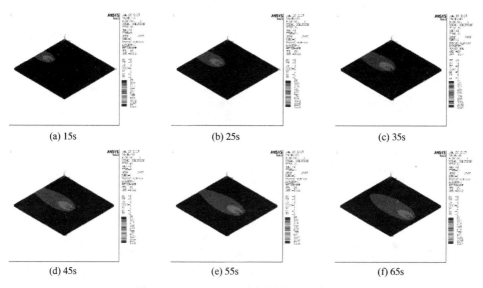

(a) 15s　　　　　　　(b) 25s　　　　　　　(c) 35s

(d) 45s　　　　　　　(e) 55s　　　　　　　(f) 65s

图 3-5　CC-DSTW 不同时刻的温度场分布

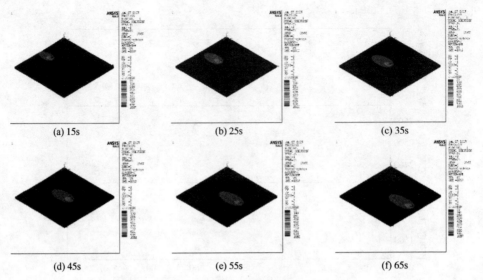

(a) 15s   (b) 25s   (c) 35s

(d) 45s   (e) 55s   (f) 65s

图 3-6　单面 TIG 焊不同时刻的温度场分布

图 3-7 显示了 CC-DSTW 熔池达到准稳态时接头横截面和纵截面的温度场。由于两侧的焊接参数相同，因而温度场呈对称分布。熔池边界已在温度场云图中以虚线标出，可见，工件已完全熔透，熔池轮廓为"双曲线"形，与实际焊接结果一致。图 3-8 所示为 CC-DSTW 的热流和温度梯度方向。由图 3-8（a）可知，电弧的热量通过传导、辐射等方式自两侧进入工件，在工件中心部位会聚。而温度梯度方向为温度增加的方向，与热流方向恰好相反。

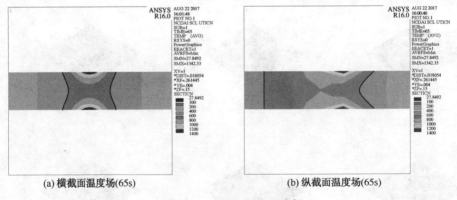

(a) 横截面温度场(65s)   (b) 纵截面温度场(65s)

图 3-7　CC-DSTW 温度场

图 3-9 为单面焊熔池达到准稳态时接头横截面和纵截面的温度场云图。可以看到，温度场呈不对称的单侧分布。图 3-10 为单面焊的热流与温度梯度方向。可以看到，单面焊的热流和温度梯度同样呈单侧分布。对比可以发现，CC-DSTW 接头的熔化面积远大于单面焊，与前文试验结果一致。

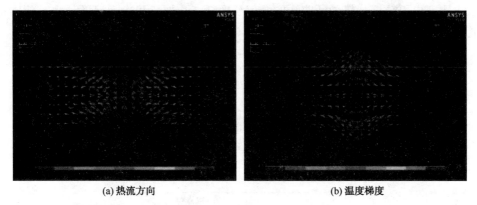

(a) 热流方向　　　　　　　　　　　　　　(b) 温度梯度

图 3-8　CC-DSTW 热流与温度梯度

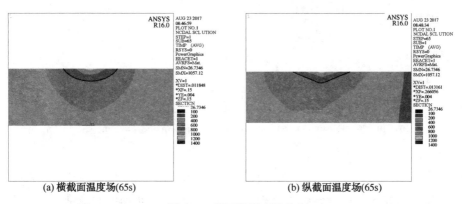

(a) 横截面温度场(65s)　　　　　　　　　(b) 纵截面温度场(65s)

图 3-9　单面焊温度场分布

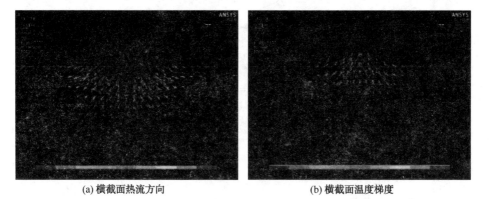

(a) 横截面热流方向　　　　　　　　　　(b) 横截面温度梯度

图 3-10　单面焊热流与温度梯度

图 3-11 为不同位置的热循环曲线，热循环是指整个焊接过程中某一点的温度随时间的变化。由于两个电弧情况类似，因此以一侧为例进行讨论，取点位置见图 3-11(a)。由图可见，热循环曲线均包含上升(加热)和下降(冷却)两个阶

段，距离电弧越近，热循环曲线的峰值温度越高，加热和冷却速度越大。相同位置下，单面焊热循环的峰值温度均低于 CC-DSTW。

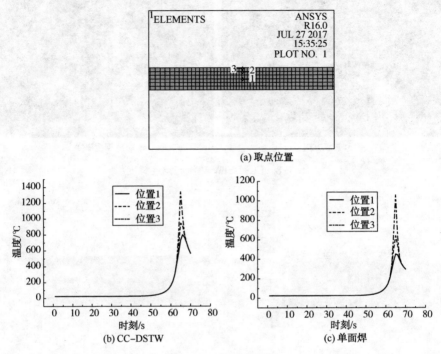

(a) 取点位置

(b) CC-DSTW

(c) 单面焊

图 3-11　热循环曲线

将两个电弧中心的连线定义为中心轴。图 3-12 为两种工艺熔池中心轴上的温度分布，显示了温度和空间的关系。可以看到，CC-DSTW 的熔池交汇区（板厚中心部位）温度最低，两侧对称分布，整体呈 U 形。单面焊中心轴上的温度分布随着与电弧距离的增大而单调递减，最高温度低于 CC-DSTW。

根据热阻定律，对于工件上任意传热单元，有以下表达式：

$$R_T = \frac{\rho_T L}{A} \tag{3-5}$$

$$\rho_T = \frac{\mathrm{d}A\mathrm{d}t(-\partial T/\partial L)}{\mathrm{d}Q} \tag{3-6}$$

式中　R_T——热阻；

　　　ρ_T——热阻率；

　　　L——单元长度；

　　　A——端面面积；

　　　Q——热量；

　　　T——温度

　　　t——时间。

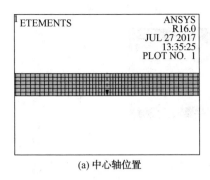

(a) 中心轴位置

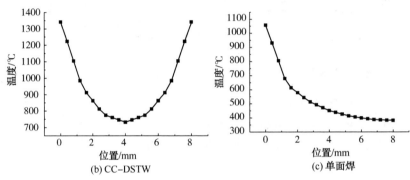

(b) CC-DSTW

(c) 单面焊

图 3-12　中心轴温度变化(65s)

根据式(3-5)和式(3-6)推导可知，热阻与温度梯度成正比。根据图 3-7(a)的等温线分布可知，工件中心熔池交汇区的温度梯度低于两侧，所以交汇区的热阻小于工件两侧。根据热欧姆定律：

$$I_T = \frac{dQ}{dt} = \frac{\Delta T}{R_T} \tag{3-7}$$

式中　ΔT——单元两端的温度差；

　　　I_T——热流。

由式(3-7)可知，在温度差不变的情况下，热流与热阻成反比例关系。因此熔池交汇区的热流大于工件两侧，即中心部位的传热效率提高。然而，由于工件两侧的热阻较大，所以工件中心部位热量不易散失，有利于"拢"住热量，形成热量集聚区。

(4)模拟结果验证

为了验证模拟结果的可信度，制取了两侧焊接电流均为 160A 的接头金相试样，利用熔池边界准则将实际焊缝的熔合线与模拟等温线进行对比，如图 3-13所示，发现吻合良好。然而，实际的焊接接头由于表面张力的作用，熔池金属向焊缝中心位置聚拢，两侧产生一定程度的咬边，这在模拟结果中体现不出，主要是因为温度场模拟时忽略了熔池液面的变形。因此，总体认为 CC-DSTW 温度场模拟的热源模型比较准确，模拟结果较为可靠。

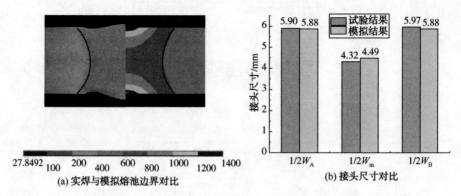

(a) 实焊与模拟熔池边界对比   (b) 接头尺寸对比

图 3-13　铝合金 CC-DSTW 模拟与试验结果对比

3.1.3　高氮钢温度场

（1）几何模型与网格划分

高氮钢焊接同样采用 I 形坡口对接自熔焊，不留间隙，板材厚度为 6.5mm。网格划分采用与铝合金相同的不均匀划分法，工件几何模型和网格划分如图 3-14 所示。

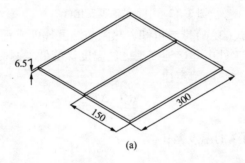

(a)

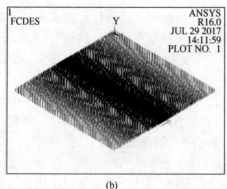

(b)

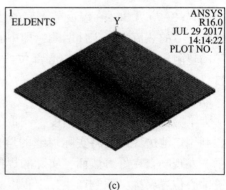

(c)

图 3-14　工件三维模型及网格划分

（2）物性参数

高氮钢的物性参数如图 3-15 所示。

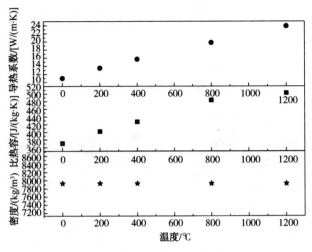

图 3-15　高氮钢的物性参数

（3）温度场求解

采用的热源模型和边界条件同铝合金 CC-DSTW，焊接电流为 105A，电压为 11V。图 3-16 是高氮钢 CC-DSTW 不同时刻的温度场分布。由图可见，高氮钢工件表面的温度场仍为椭圆形，但与铝合金焊接相比，椭圆的长轴更长，短轴更短，换句话说，沿焊接方向椭圆被拉长了。这是由于高氮钢的导热系数远小于铝合金，传热速率较低，热量容易在焊缝区域积累而不易向四周散失。因此，椭圆形变得更加扁狭。

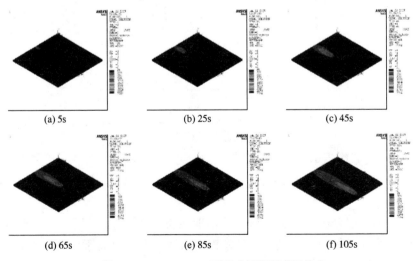

(a) 5s　　　　　　　(b) 25s　　　　　　　(c) 45s

(d) 65s　　　　　　　(e) 85s　　　　　　　(f) 105s

图 3-16　CC-DSTW 不同时刻的温度场分布

图 3-17 为高氮钢熔池达到准稳态时接头横截面和纵截面的温度场分布。可见，温度场关于试板厚度中心对称分布。云图中虚线范围之内为熔池，熔池轮廓为"双曲线"形，与试验结果一致。与铝合金相比，高氮钢熔池轮廓更窄，原因是高氮钢的导热系数更小。

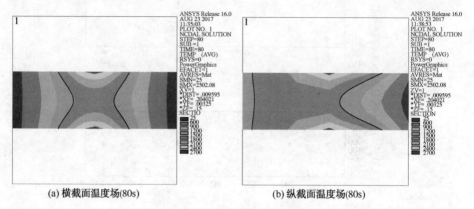

(a) 横截面温度场(80s)　　　　　　　(b) 纵截面温度场(80s)

图 3-17　CC-DSTW 温度场分布

图 3-18 为不同位置的热循环曲线，取点位置与铝合金相同。由图可见，高氮钢焊接的热循环曲线同样包括上升和下降两个阶段，峰值温度为 2560.4℃，远高于铝合金。距离电弧越近，热循环的峰值温度越高，加热与冷却速度越大。

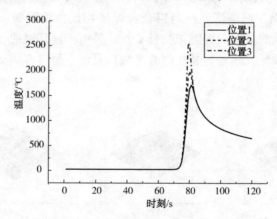

图 3-18　热循环曲线(80s)

图 3-19 是温度沿熔池中心轴的变化规律，中心轴位置与铝合金相同。可以看到，高氮钢熔池中心轴的温度变化规律与铝合金类似，同样呈中间低、两侧高的对称 U 形。

综上，尽管铝合金与高氮钢材料的物理性质不甚相同，但在 CC-DSTW 过程中表现的传热规律相似，区别在于高氮钢的熔池温度显著高于铝合金，且温度场分布范围沿焊接方向拉长。

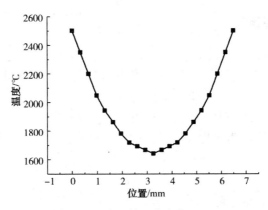

图 3-19　中心轴温度变化(80s)

（4）模拟结果验证

图 3-20 为高氮钢模拟的熔池边界与试验结果的对比。可见，接头特征参数的吻合度基本良好，但熔池形状还是有一定的差异。分析主要有两方面的原因：①未考虑表面张力对成形的影响，在焊接过程中，尤其是自熔焊，表面张力会一定程度上促使液态金属向焊缝中心聚拢，导致焊趾部位产生凹陷；②高氮钢为新材料，其物性参数没有确切数值，模拟时主要参考 304 不锈钢进行修正，因而导致误差的产生。

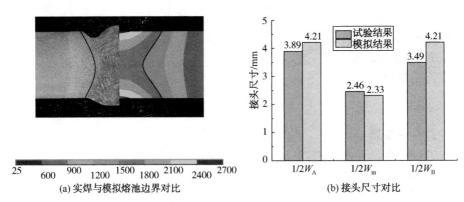

(a) 实焊与模拟熔池边界对比　　　　(b) 接头尺寸对比

图 3-20　高氮钢 CC-DSTW 模拟与试验结果对比

3.2　能量利用率

焊接时工件吸收的热量有一部分用以熔化金属，而另一部分会在金属与周围介质的热交换中散失。为了研究能量利用率，了解熔化金属的热量在总热量中所占的比重，引入熔化效率的概念，针对不同试验条件进行计算和分析。

3.2.1 熔化效率定义

CC-DSTW 时输入工件的总热量 Q 主要由两部分组成，一是熔化母材金属所需的热量 Q_m，二是通过母材和周围环境传导或辐射散失的热量 Q_1，即

$$Q = Q_m + Q_1 \tag{3-8}$$

为了定量表征 CC-DSTW 的能量利用率，定义金属熔化所需热量 Q_m 与输入工件的总热量 Q 的比值为熔化效率，计算公式如下：

$$\eta_m = \frac{Q_m}{Q} \tag{3-9}$$

根据焊接热效率的定义，有

$$Q = \eta Q_t = \eta UI \tag{3-10}$$

式中 η——焊接热效率；

Q_t——电源输出功率；

U——弧压；

I——焊接电流。

根据热量相关定义：

$$Q_m = AvpH \tag{3-11}$$

式中 A——熔化面积；

v——焊速；

ρ——金属密度；

H——金属的质量焓。

根据质量焓计算公式：

$$H = \int_{T_0}^{T_m} c\mathrm{d}T + Q \tag{3-12}$$

式中 T_m——金属熔点；

T_0——环境温度（按常温计）；

c——金属比热；

Q——金属的熔化相变焓。

将式(3-10)~式(3-12)代入式(3-9)，得

$$\eta_m = \frac{Avp\left(\int_{T_0}^{T_m} c\mathrm{d}T + Q\right)}{\eta UI} \tag{3-13}$$

积分计算，得到焊接熔化效率的计算公式：

$$\eta_m = \frac{Avp\left[c(T_m - T_0) + Q\right]}{\eta UI} \tag{3-14}$$

计算熔化效率所需的部分参数见表 3-1。

表 3-1　铝合金物性参数与焊接参数

密度 $\rho/g \cdot cm^{-3}$	比热容 $c/J \cdot g^{-1} \cdot ℃^{-1}$	熔点 $T_m/℃$	环境温度 $T_0/℃$	熔化相变焓 $Q/J \cdot g^{-1}$	热效率 η	平均弧压 U/V
2.67	0.9	600	20	402	0.7	17

3.2.2　CC-DSTW 立焊熔化效率

（1）CC-DSTW 与单面焊的熔化效率特征

采用 AUTOCAD 软件测量并通过比例尺转换，获得焊接接头的熔化面积，然后根据式（3-14）计算得到熔化效率，绘制柱状图（图 3-21）。由图可知，CC-DSTW（200A+120A）的熔化效率约为单面焊（200A）的 9 倍，为单面焊（100A）的50 余倍，与熔化面积的变化规律相同，说明 CC-DSTW 工艺的确可以大幅提高能量利用率。

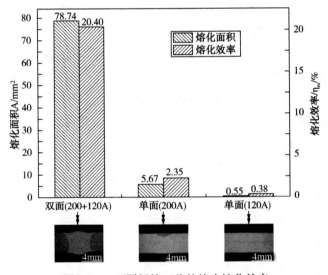

图 3-21　不同焊接工艺的接头熔化效率

（2）CC-DSTW 与双面次序焊的熔化效率特征

为了更直接的评价 CC-DSTW 能量效率的提升，设计了双面次序焊接试验作为对照组，双面次序焊是指先焊工件 A 侧，完成后立刻接焊 B 侧。

分别计算两种工艺的熔化效率，结果如图 3-22。由图可知，CC-DSTW 的熔化面积远大于双面次序焊，熔化效率达到双面次序焊的 7 倍。与上一小节的单面焊相比，由于在同一工件上施焊且中途间隔时间较短，先焊道对后焊道有一定的预热作用。因此，双面次序焊的熔化面积达到了单面焊总面积的约2 倍。

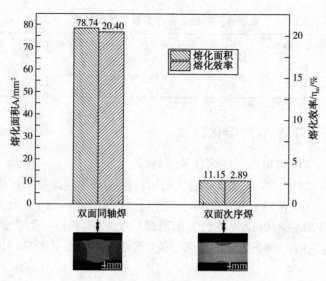

图 3-22　不同焊接工艺的接头熔化效率

（3）不同双弧间距下的熔化效率特征

双弧间距增大导致工件散热大幅增加，用以熔化工件的热量减少，因此能量利用率降低。由图 3-23 可以看到，双弧间距为 0 时，也就是双弧同轴时，熔化面积和熔化效率最高，分别为 78.74mm² 和 20.40%；双弧间距增大到 10mm 时，熔化面积和熔化效率分别降至 61.51mm² 和 15.94%。熔化面积和熔化效率均随着双弧间距的增大而减小，二者的变化趋势相同。

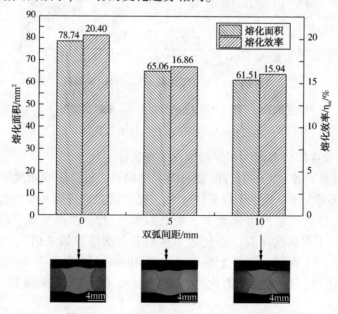

图 3-23　不同双弧间距的接头熔化效率

（4）不同焊接速度下的熔化效率特征

如图 3-24 所示为熔化面积与熔化效率随焊接速度的变化规律。由图可知，当焊接速度为 19cm/min 时，熔化面积和熔化效率最高，分别为 109.85mm² 和 22.53%，随着焊接速度的提高，热输入逐渐降低，工件吸收的热量减少，熔化面积和熔化效率逐渐减小。

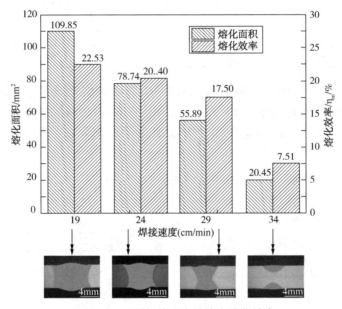

图 3-24　不同焊接速度的接头熔化效率

3.2.3　CC-DSTW 平-仰焊熔化效率

图 3-25 和表 3-2 分别为 CC-DSTW 平-仰焊的接头形貌和具体特征参数。从中可以得知，CC-DSTW 接头熔深增加了 4.5 倍以上，熔宽最大增加了 60%，熔化面积增加了 11 倍以上。CC-DSTW 的焊缝成形系数远小于单面平焊，说明 CC-DSTW 大幅增加了接头的深宽比。

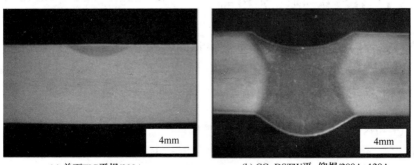

(a) 单面TIG平焊/200A　　　　　(b) CC-DSTW平-仰焊/200A+120A

图 3-25　不同方法的接头形貌

表 3-2　单面焊与 CC-DSTW 平-仰焊接头特征参数

焊接工艺	单面 TIG 焊	CC-DSTW	
		平焊侧	仰焊侧
熔宽 B/mm	7.10	11.35	9.79
熔深 H/mm	1.17	6.60	
余高 h/mm	0.08	−1.60	2.07
成形系数 φ	6.07	1.72	1.48
熔化面积 A/mm²	5.5	68.6	

如图 3-26 所示为单面焊和 CC-DSTW 平-仰焊的熔化效率。由图可得，CC-DSTW 平-仰焊的熔化效率为 17.29%，是单面平焊（2.20%）的近 8 倍。平焊侧与仰焊侧热源的同时作用使工件厚度方向上热量加速累积，熔化效率得到极大提高。

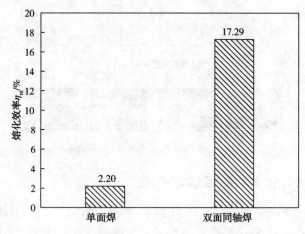

图 3-26　不同方法的熔化效率

3.3　CC-DSTW 热行为机制

为了充分揭示 CC-DSTW 能量效率提高的内在原因，需要深入挖掘 CC-DSTW 的传热机理，而热量传输的基本规律与焊接材料的关系不大，因此本节主要以铝合金为例，建立相关理论模型，对 CC-DSTW 的热量传输机理进行分析。

在 CC-DSTW 中，工件内存在的主要热量传输过程包括：
① 电弧的热量通过焊件的两侧表面以传导和辐射的方式进入工件；
② 熔池与周围未熔金属之间的传导传热；

③ 熔池内部的对流传热；

④ 工件表面与外界介质(空气)的辐射与对流换热；

⑤ 熔池固液界面附近的金属的熔化与凝固过程吸收或放出的热量，即相变焓。

而其中，对金属的熔化进程有较大影响的传热过程主要是①和②，将在下文重点讨论。

3.3.1 热量集聚效应

一般情况下，厚度小于4mm的铝合金板采用TIG焊时，一条焊缝即可完成。由于工件较薄，传热方式为二维导热，即热量主要沿平面方向传输，热量散失相对较少，容易熔透。当板厚大于4mm时，板厚方向的传热对焊缝成形的影响开始增强，传热方式逐渐由二维向三维导热转变。若采用单面焊，当熔深小于板厚的60%时，熔池体积较小，工件的熔化部分与未熔部分相比，只占较小的比例，此时热量很容易通过工件未熔部分传导散失[图3-27(a)]。根据前文的温度场模拟结果，工件厚度纵深的传热效率更高。随着热输入增加，当熔深达到板厚的60%以上时，由于厚度方向的散热空间减小，且工件与外界空气的传热效率较低，因此，热量开始在熔池底部未熔部分积累，形成热量集聚区[图3-27(b)]。进一步增加热输入，热量继续在集聚区累积，工件熔化开始加速，这时的熔深增幅与热输入增幅已非线性关系，熔深增速领先于热输入增速，促使工件快速熔透。

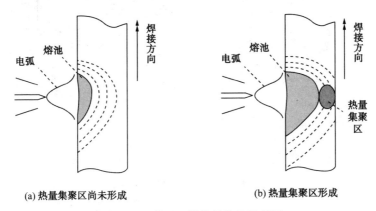

(a) 热量集聚区尚未形成　　　　　　(b) 热量集聚区形成

图3-27　单面立焊热量传输示意图

然而，当板厚大于4mm时，采用单面焊工艺熔透所需的热量较多，容易导致熔池体积过大，熔池形态不易控制，所以实际中针对厚度大于4mm的铝合金工件，多采用加工V形或X形坡口并多层多道填丝焊的工艺。

采用CC-DSTW工艺，可以一次性熔透5~12mm的中等厚板，大幅提高了TIG焊一次全熔透的板厚上限。由于两个电弧从工件两侧同步对称加热，因此板厚方向热量会加速累积，随着两侧热流不断地向板厚中心部位流动，最终在工件中心地带形成热量集聚区，有助于加速工件熔透。在某一时刻，两侧熔池开始熔合，达到临界熔透状态。随着热输入继续增加，两个熔池合二为一，根据温度场模拟部分的分析，与工件两侧相比，熔池交汇区的热流较大，有利于热量的传入，加快了熔化进程，最终达到全熔透状态。图 3-28 描述了 CC-DSTW 熔透过程的热量传输。

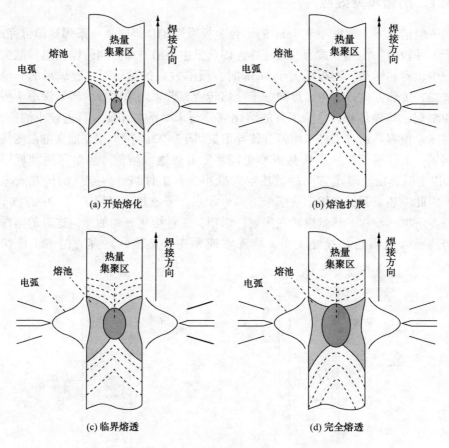

图 3-28　CC-DSTW 熔透过程的热量传输

3.3.2　热量增益效应

CC-DSTW 中，若忽略两个电弧热量之间的相互影响，熔化面积应该是单面 TIG 焊的 2 倍，但实际上，CC-DSTW 的接头熔化面积可以达到单面焊的数十倍。双热源作用下工件的散热条件改变是原因之一，本节主要从散热角度分析双弧热量的增益效应。

图 3-29 为双弧热量增益效应的示意图，假定单面焊电流为 I，熔深为 d_s，

82

而 CC-DSTW 的电流为 $2I$,熔深为 d_A+d_B。当采用单一电弧时,热输入较小,热流通过热传导向熔池周围的未熔化金属传输,随着传输距离的增大热量逐渐衰减,由于单一电弧的热量相对较小,所以只有电弧附近的少部分金属达到熔点,其余部位由于热量衰减而未能熔化,因而形成较浅的熔深,见图 3-29(a)。图 3-29(b)显示了两个热源直接叠加的接头形貌,显然是忽略了热量散失,实际中也有类似的情形。例如大厚板的焊接,可以忽略工件厚度方向的双弧传热,还有一种情况是双面焊时,正面焊完后,待试板完全冷却后,再进行反面焊接,这时候反面焊道完全不会受正面焊道余热的影响。而对于 CC-DSTW 的理想板厚(5~12mm),工件每一处均同时受到两侧电弧的加热,与上面提到的两种情况相

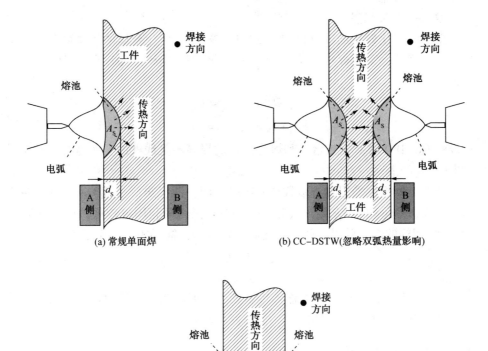

(a) 常规单面焊   (b) CC-DSTW(忽略双弧热量影响)

(c) CC-DSTW(考虑双弧热量影响)

图 3-29 热量增益效应示意图

比，三种工艺的热输入相同，即

$$Q_T = Q_S = Q_D \tag{3-15}$$

式中 Q_T——WBY]大厚板 CC-DSTW 的热输入；

Q_S——两面间隔时间无限长的双面焊热输入；

Q_D——中等厚度试板 CC-DSTW 的热输入。

而用以熔化金属的热量等于热输入减去散失的热量，即

$$Q_m = Q - Q_1 \tag{3-16}$$

式中 Q_m——用于熔化金属的热量；

Q——热输入；

Q_1——散失热量。

根据前文熔化效率的计算可知，CC-DSTW 用以熔化金属的热量最多，热量散失最少，因此，实际焊接接头的熔深和熔化面积均大于两个单面焊的直接叠加，即

$$\begin{cases} d_A + d_B \gg d_S + d_S = 2d_S \\ A_A + A_B \gg A_S + A_S = 2A_S \end{cases} \tag{3-17}$$

说明 CC-DSTW 对接头熔深和熔化面积的提高不是线性的，而是有增益的效果[图 3-29(c)]。

综合以上分析，采用常规双面焊(先焊正面，清根再焊反面)时，由于两面不同时施焊，热量散失 Q_1 明显高于 CC-DSTW，热量利用率较低。而要达到与 CC-DSTW 同样的熔化效果，就需要提高热输入 Q，根据式(3-16)，有

$$Q = Q_m + Q_1 \tag{3-18}$$

因此，常规双面焊的总热输入高于 CC-DSTW。

综上，虽然 CC-DSTW 一次输入热量较大，但总热输入反而降低。从能量消耗的角度来看，该方法可节约能源，提高能量利用率。

3.3.3 温度叠加效应

温度场叠加是一种用于求解多热源作用下工件温度场的简化处理方法，也就是说，在多个热源同时作用的情况下，物体上任一处的温度等于各个热源单独作用时该处温度之和，可用如下表达式描述：

$$T = \sum_{k=1}^{n} T_k(x_i, \ y_i, \ z_i) \tag{3-19}$$

式中 $T_k(x_i, \ y_i, \ z_i)$——任一热源作用下工件任一处的温度；

k——热源个数。温度场叠加原理的经典应用场合就是焊接温度场的分析，比如，对于连续移动热源形成的温度场，一般简化为许多个瞬时固定热源在不同位置、不同时刻形成的温度场叠加。

CC-DSTW 体现了两个热源作用于工件的情况。在某一时刻，工件上某处的温度等于该时刻两侧热源单独作用下该处温度之和。假设工件内部 N 点(板厚中心附近位置)处的温度为 T_N，单面焊与 CC-DSTW 时 N 点的温度分别用下标添加 s 和 d 区分，所以 A 侧单面焊时[图3-30(a)]，假设 $T_{Ns}=T$，而 T 小于材料熔点 T_m，即

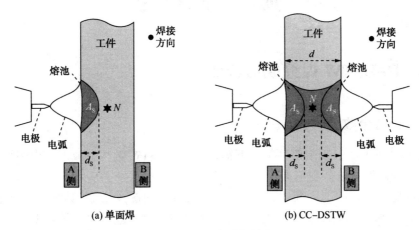

图3-30　温度叠加效应

$$T<T_m \tag{3-20}$$

所以单面焊时，N 点不熔化。CC-DSTW 时[图3-30(b)]，根据温度场叠加原理，有

$$T_{N_d}=T_{N_A}+T_{N_B} \tag{3-21}$$

式中　T_{N_A} 和 T_{N_B} 分别为 A 侧和 B 侧热源单独作用下 N 点的温度。由于 A、B 两侧热源参数设置完全相同，即 $T_{N_A}=T_{N_B}=T$。因此，有

$$T_{N_d}=2T \tag{3-22}$$

假设 $2T$ 大于材料熔点，即：

$$2T>T_m \tag{3-23}$$

则 N 点熔化，两个熔池合成统一熔池，工件熔透。由图3-30(b)还可看出，CC-DSTW 的熔深 d 和熔化面积 A 均远大于单面焊熔深 d_s 和熔化面积 A_s 的2倍，即

$$\begin{cases} d \gg 2d_s \\ A \gg 2A_s \end{cases} \tag{3-24}$$

从这个角度也可证明，CC-DSTW 的熔透能力和熔化效果不是两个单面 TIG 焊的简单叠加，双热源之间有强烈的热量交互作用，产生"1+1>2"的效果。双热源温度场叠加是 CC-DSTW 热量加速积累、熔透能力大幅提升的根本原因。

4 CC-DSTW熔透模式与电弧-熔池行为

4.1 CC-DSTW 焊缝成形特征

4.1.1 铝合金收弧形貌

图 4-1 和 4-2 显示了两种工艺下铝合金 CC-DSTW 的焊缝成形。由图可以看出，焊缝的表面质量差别不大，但二者的弧坑有明显区别，从图 4-2 的弧坑中可以看到近似圆形孔洞，孔洞的直径约为 1.58mm，而图 4-1 的弧坑则比较光滑，没有孔洞的迹象。这两种类型的弧坑形貌在 CC-DSTW 过程中非常典型，与焊接热量输入有一定的相关性，CC-DSTW 的瞬时热量比常规弧焊大，联想到高能束流焊的熔透模式，推断 CC-DSTW 也存在类似的熔透模式，称为 CC-DSTW 熔入焊和 CC-DSTW 穿孔焊，通过本书后文的电弧图像观测可进一步得到验证。

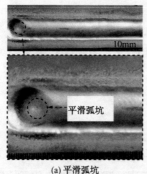

(a) 平滑弧坑

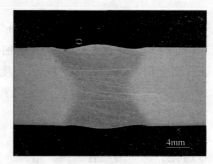

(b) 接头形貌

图 4-1　熔入焊成形（200A+120A，$v=29\text{cm/min}$）

试验过程中还发现，采用脉冲电流焊接，更容易发生穿孔现象。图 4-3 和图 4-4分别显示了低频与中频脉冲 CC-DSTW 成形。由图可以看出，无论是低频还是中频脉冲，弧坑中心均出现了孔洞痕迹。分析原因认为，采用脉冲焊工艺时，电流以设定频率在基值与峰值之间周期性切换，相应产生周期性变换大小的电磁力，对熔池产生较强的冲击作用，电磁力的冲击致使熔池产生"小孔"的概率更大。对比脉冲与非脉冲焊的焊接参数，还发现脉冲焊形成"小孔"所需的热输入远小于非脉冲焊，说明脉冲电流有更强的穿透工件的能力。

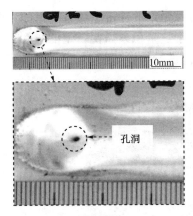

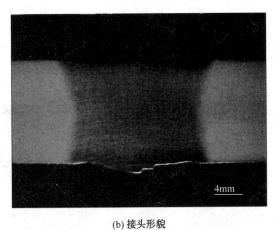

(a) 弧坑孔洞   (b) 接头形貌

图 4-2　穿孔焊成形（200A+120A，$v=24\mathrm{cm/min}$）

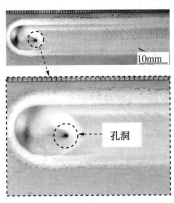

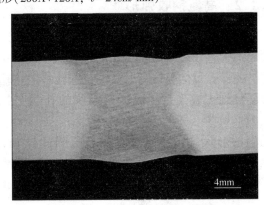

(a) 弧坑孔洞   (b) 接头形貌

图 4-3　低频脉冲穿孔焊成形（$f=8\mathrm{Hz}$）

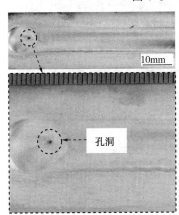

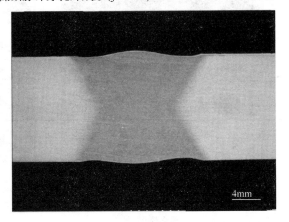

(a) 弧坑孔洞   (b) 接头形貌

图 4-4　中频脉冲穿孔焊成形（$f=100\mathrm{Hz}$）

如果采用恒流焊接，电弧力会对熔池产生连续恒定的冲击。随着热量的不断积累，易导致焊缝出现焊穿缺陷，见图 4-5。由于热量积累需要一定的时间，所以焊穿尤其容易在焊缝的中、后段发生。因此，进行恒流焊接时，"小孔"持续稳定存在的几率相对更小。

图 4-5　焊穿缺陷

4.1.2　高氮钢收弧形貌

在高氮钢 CC-DSTW 过程中，发现高氮钢 CC-DSTW 同样存在熔入和穿孔两种熔透模式。图 4-6 为两种熔透模式下的高氮钢焊缝成形，熔入焊的弧坑比较光滑，而穿孔焊的弧坑留有孔洞，穿孔焊的热输入大于熔入焊。

仔细观察发现，高氮钢弧坑的孔洞与铝合金有一定的差异。首先，其形状为椭圆形，不同于铝合金的圆形；其次，尺寸相对较大，图 4-7 对高氮钢孔洞的形状进行了定义，A 是椭圆的长轴，长度为 2.44mm，B 为椭圆的短轴，长度为 1.11mm。其中，长轴的长度代表孔洞的尺寸上限，为方便对比，以长轴作为弧坑孔洞尺寸的评判标准。与铝合金相比，高氮钢的孔洞尺寸显然更大。

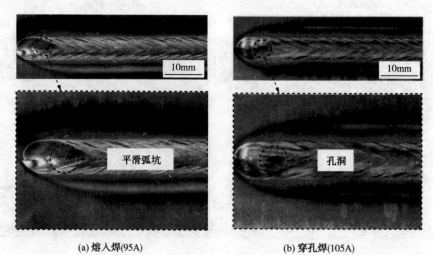

(a) 熔入焊(95A)　　　　　　　　　　(b) 穿孔焊(105A)

图 4-6　两种熔透模式的恒流焊成形

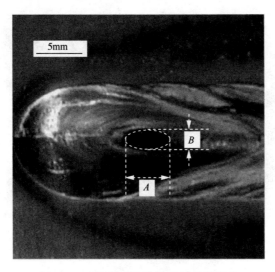

图 4-7 高氮钢弧坑孔洞形状参数定义

图 4-8 为恒流与脉冲 CC-DSTW 穿孔焊的焊缝成形。恒流焊的孔洞长度为 2.44mm，而脉冲焊达到了 2.98mm，大于恒流焊，而二者的焊接热输入相等，说明脉冲电流更有利于穿孔的形成。由此断定，脉冲焊开始形成"小孔"所需要的热量小于恒流焊，与铝合金 CC-DSTW 的规律相同。

当"小孔"尺寸超过一定的阈值后，会导致工件焊穿。图 4-9 为工件焊穿时的孔洞尺寸，椭圆长轴与短轴的长度分别为 7.79mm 和 5.12mm，远大于正常穿孔焊时弧坑孔洞的尺寸。

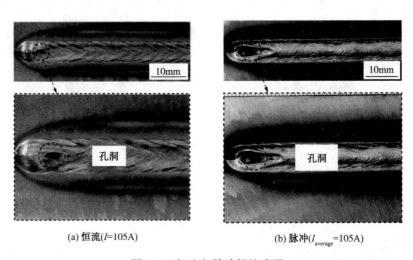

(a) 恒流(I=105A)   (b) 脉冲($I_{average}$=105A)

图 4-8 恒流与脉冲焊缝成形

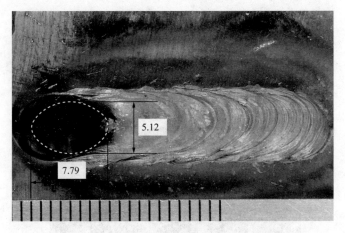

图 4-9　焊穿时的孔洞尺寸

4.2　CC-DSTW 熔透模式

由焊接试验结果可知，CC-DSTW 存在两种熔透模式——CC-DSTW 熔入焊和 CC-DSTW 穿孔焊，原理如图 4-10 所示。常规 TIG 焊由于能量密度限制，一般只存在熔入焊模式，而 CC-DSTW 大幅提高了实时热量输入，因此也出现了穿孔焊的熔透方式。

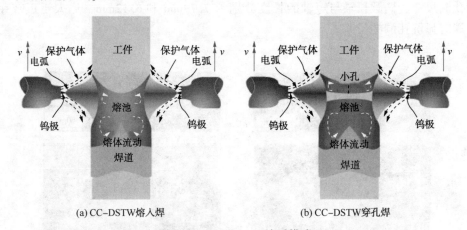

(a) CC-DSTW熔入焊　　　　　　　　　(b) CC-DSTW穿孔焊

图 4-10　CC-DSTW 熔透模式

本节以立焊为例对 CC-DSTW 熔透模式进行讨论，为了简化问题，在熔透模式讨论时设定两侧焊接参数相同。

在 CC-DSTW 熔入焊过程中，热量作用于工件表面，并以传导和对流的方式向内部扩散，最终熔化材料产生熔池，液态金属凝固形成焊缝。由于熔入焊时部分热量以传导的方式进行传输，因此熔深常受到导热系数和散热空间的共同影响。导热系数大，则热量散失速度快，较难聚集金属熔化所需的热量，熔深较浅；同理，板厚越厚，可供散热的空间越大，也会降低熔化效率。

CC-DSTW 穿孔焊过程中，两侧电弧贯穿熔池，形成"小孔"，大部分热量从熔池内部加热工件，当电弧移走后，周围的液态金属回填留下的空腔，凝固后形成焊缝。

4.2.1 CC-DSTW 熔入焊"公共熔池"形成机理

常规高能束流熔入焊的焊缝成形过程如图4-11所示(小黑点表示焊接方向垂直纸面向外)，具体过程如下：首先，接缝周围的母材在热源的作用下，局部熔化产生较小的熔池，而后热量通过传导和对流两种方式向未熔部位传输，逐渐推进固液界面向工件纵深前进，随着热量的不断积累，熔池体积逐渐增大，最终在热源离开后一定时间内冷凝而形成焊缝。由于熔入焊时热量输入较小，而且熔池周围各个方向的金属接收的热量基本相同，容易形成熔深较浅的接头。熔入焊的

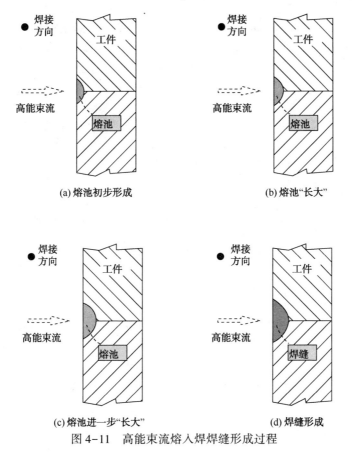

(a) 熔池初步形成　　　　　　　　(b) 熔池"长大"

(c) 熔池进一步"长大"　　　　　　(d) 焊缝形成

图 4-11　高能束流熔入焊焊缝形成过程

主要特征是高能束流不贯穿工件，一般适用于薄板或厚板多道焊。

图4-12描述了CC-DSTW熔入焊的焊缝形成过程。从图中可以看到，熔池形成的过程与常规单面熔入焊的区别主要在于CC-DSTW时，由于对侧电弧的同时加热，热量通过传导进入金属内部，在工件厚度方向中心部位不断累积，使得熔池加速向纵深(工件厚度方向)发展，最终两侧熔池合二为一，形成新的"公共熔池"。与常规单面熔入焊相比，CC-DSTW时工件更易熔透。

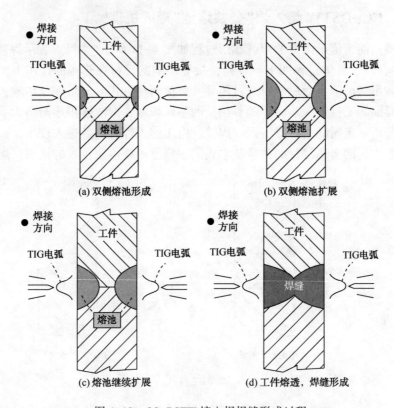

图4-12　CC-DSTW熔入焊焊缝形成过程

4.2.2　CC-DSTW穿孔焊"小孔"形成机理

常规高能束流穿孔焊的焊缝形成过程如图4-13所示。高能量密度的热源作用于工件时，工件局部熔化形成熔池，同时伴随金属表面汽化，产生大量金属蒸气，液态熔池受到高温金属蒸气压力的冲击，产生盲孔，随着热量的持续累积，工件穿透形成小孔，待小孔内的蒸气压力与液态金属的表面张力和重力平衡后，小孔达到稳定状态，在四周高温液态金属的环绕下向前移动，热源移开后，小孔被液态金属填满，凝固后形成焊缝。

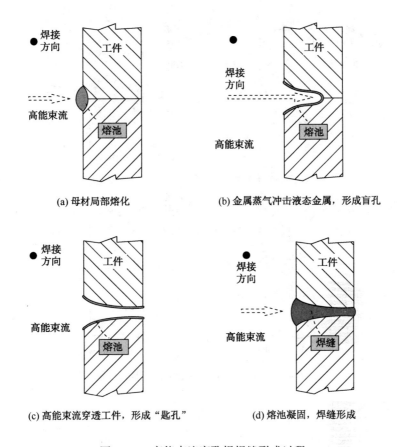

(a) 母材局部熔化   (b) 金属蒸气冲击液态金属，形成盲孔

(c) 高能束流穿透工件，形成"匙孔"   (d) 熔池凝固，焊缝形成

图 4-13   高能束流穿孔焊焊缝形成过程

    图 4-14 描述了 CC-DSTW 穿孔焊的焊缝形成过程。"公共熔池"形成之后，继续增大热输入，在合适的电弧力作用下，熔池穿孔形成。当"小孔"四周熔池金属的表面张力、重力与两侧电弧力达到动态平衡之后，"小孔"的形状和尺寸趋于稳定。与高能束流焊相比，CC-DSTW 的热输入较大，"小孔"的尺寸也相应更大。

    图 4-15 详尽地描述了 CC-DSTW 熔透到穿孔的全过程，d 为熔池前端凹陷部分的厚度，D 为焊缝厚度。立焊时，由于电弧力的冲击作用，熔池液面前端产生凹陷，排开的金属由于重力的作用向下流动，致使 $D>d$。随着热输入的增加，熔池体积和质量进一步增大，熔池前端凹陷加深，d 进一步减小。当 d 减小到临界值时，在两侧电弧热、力的叠加作用下，熔池中心凹坑逐渐扩张直至贯穿工件，发生由熔透到穿孔的转变。当熔池进入准稳态之后，母材的熔化速度等于熔池的凝固速度，熔池尺寸和体积基本不再变化，d 近似不变。

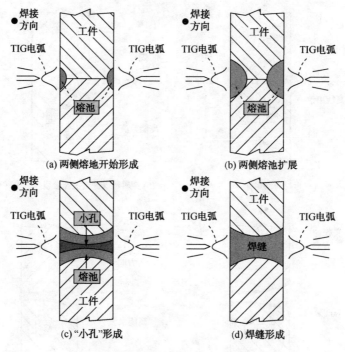

(a) 两侧熔池开始形成

(b) 两侧熔池扩展

(c) "小孔"形成

(d) 焊缝形成

图 4-14　CC-DSTW 穿孔焊焊缝形成过程

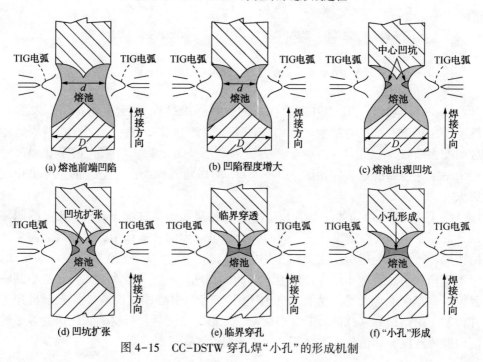

(a) 熔池前端凹陷

(b) 凹陷程度增大

(c) 熔池出现凹坑

(d) 凹坑扩张

(e) 临界穿孔

(f) "小孔"形成

图 4-15　CC-DSTW 穿孔焊"小孔"的形成机制

另外，CC-DSTW"小孔"产生的难易程度也与焊接材料的表面张力、黏度、导热系数等有关，表面张力和黏度直接影响熔池的流动性，导热系数影响熔池的凝固速率，间接影响熔池的体积和形态，所以不同材料的焊接熔池凹陷部分厚度也会有差异，这也会影响到"小孔"的形成。试验发现，由于铝合金表面张力小，导热系数大，故熔池流动性好，凝固速率快，所以熔池前端凹陷深度较浅，"小孔"容易弥合，故穿孔现象不明显。而高氮钢的表面张力大，导热系数小，与铝合金恰好相反，所以可通过试验观测到明显的穿孔效应。

与平焊相比，立焊时"小孔"的稳定性更差。图4-16熔池内部的虚线箭头分别表示平焊和立焊时熔体的流动方向。平焊时，由于重力的方向与"小孔"取向一致，"小孔"周围的液态金属会在静压力和重力的驱动下不断的回填"小孔"，对"小孔"尺寸的控制起到了积极作用，使其不易过度扩张，成形的稳定性更优。而立焊的重力方向与"小孔"取向垂直，由图4-16(b)可以看到，受到重力的驱使，"小孔"上侧的熔化金属流向"小孔"，对"小孔"的回填有积极作用，而"小孔"下侧的熔体流向熔池尾部，推动"小孔"尺寸的扩张，同时在两侧电弧力的"冲击"作用下，"小孔"更容易发展为焊穿，不利于"小孔"的稳定。

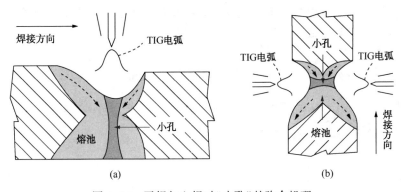

图4-16　平焊与立焊时"小孔"的弥合机理

综上，CC-DSTW与高能束流焊的穿孔机制不尽相同。二者的相同点在于穿孔的时机和位置，均在熔透的基础上开始穿孔，并且"小孔"均在熔池前端产生；二者的区别在于CC-DSTW的"小孔"尺寸更大，且稳定性欠佳。另外，高能束流焊小孔的形成主要是凭借高能量密度热源汽化金属进而贯穿工件，而CC-DSTW则更多地依靠工件两侧电弧热、力的叠加作用。

4.2.3　"小孔"不稳定机制

图4-17从静力学角度诠释了CC-DSTW"小孔"不稳定的原因。图4-17中，F_A和F_B分别为两侧的电弧力，穿孔焊时电弧在工件内部的"小孔"中心相遇，于该位置取一微小平面M，讨论两侧电弧力对该平面的作用。显然，平面M同时

受到两侧电弧力的"挤压"作用，在电弧稳定的情况下，两侧电弧压力在 M 处达到平衡。将 M 的受力单独分析，如图 4-17(b)。虽然平面 M 处于一个二力平衡系统中，但是由于力的作用方向和位置特殊，导致该系统的稳定性较差，增加任意方向的侧向力 F 都会使系统失去平衡的风险大增 [图 4-17(c)]，增加如图 4-17(c) 的侧向力 F 后，系统在 y 方向所受合力 F_{Ry} [图 4-17(d)、图 4-17(e)] 为

$$F_{Ry} = F_y + F_{Ay} + F_{By} \tag{4-1}$$

由于合成 F_{Ry} 的三个分力方向相同（假设该方向为正向），因此 F_{Ry} 不可能为 0，系统无法再次回到平衡状态。

相比之下，图 4-17(f) 的平衡系统稳定性则高得多，M 在两个拉力作用下达到平衡，增加侧向外力后 [图 4-17(g)]，系统在 y 方向受力 [图 4-17(h)、图 4-17(i)] 为

$$F_{Ry} = F_y - F_{Ay} - F_{By} \tag{4-2}$$

由于合成 F_{Ry} 的三个分力方向有正有负，而且 F_{Ay} 和 F_{By} 的夹角会根据 F_y 的大小自动调整，稳定后系统重新恢复平衡状态。

电弧实际上是一种高温等离子体，性质类似于流体，形态稳定性较差，焊接时容易受外界干扰，进而导致图 4-17(c) 中的情形发生，电弧方向偏转导致系统平衡被打破。由于立焊熔池本来就有下淌的趋势，不稳定的电弧方向会进一步影响熔池形态，甚至导致熔池失稳，引发焊接失败。

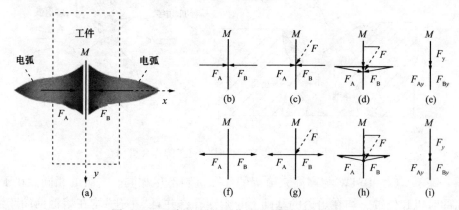

图 4-17　两侧电弧相互作用的简化力学模型

4.2.4　CC-DSTW 熔透模式控制思路

由前文分析可知，影响 CC-DSTW 熔透模式的主要因素为工件两侧的电弧热。图 4-18 为熔透模式转化过程。当热输入较小时，工件未熔透或以熔入焊模式熔透。当热输入增加到一定程度后，熔池"小孔"产生，转化为穿孔焊模式。穿孔焊时，"小孔"的尺寸应在一定的范围内保持相对稳定，若孔径超出阈值上限，则熔池彻底失稳，"小孔"无法弥合，形成焊穿缺陷。

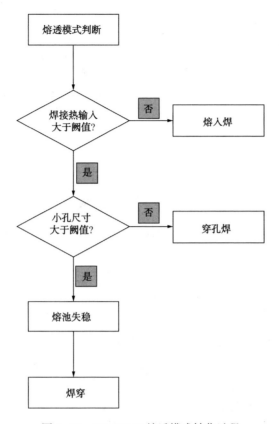

图 4-18　CC-DSTW 熔透模式转化过程

　　控制熔透模式的关键在于确定两种熔透模式的转化界限。然而，经过大量试验发现，两种熔透模式之间似乎并不存在清晰的临界转化点。原因之一是焊缝中热量的积累是需要时间的，随着焊接过程的进行，热量实时积累，在某一时刻，熔池吸收的热量达到了阈值，熔透模式由熔入焊转化为穿孔焊。此过程中热输入虽然恒定，却出现了焊接模式的转化，所以实际试验中熔透模式的转化往往受到传热效率的影响，材料的导热系数越大，这种影响就越明显。另外一个原因是在大热输入的情况下，立焊熔池的稳定性相对较差，易受到外界因素的干扰，因此在热输入恒定的情况下也会出现熔透模式随机转化的现象。因此，研究两种熔透模式的转化条件或难得出可靠的结论，本书不做深入探讨，以下重点讨论穿孔向焊穿转变的临界条件。

　　穿孔焊中弧坑遗留的孔洞是由于"小孔"在凝固之前未被充分回填而形成的，一定程度上反映了真实"小孔"的尺寸。表 4-1 为铝合金和高氮钢的弧坑孔洞尺寸上限和对应的热输入阈值。当热输入大于阈值时，弧坑孔洞的尺寸会超出表中上限，导致焊穿，所以焊接时应确保热输入小于阈值。

从表4-1中还可发现，铝合金焊穿的热输入阈值大于高氮钢，这与铝合金较大的比热容和导热系数有关。然而，铝合金弧坑孔洞的直径上限值却小于高氮钢，主要是由于液态铝合金的表面张力小于高氮钢，流动性更强，"小孔"更易弥合，穿孔现象不明显。

表4-1　弧坑孔洞尺寸与热输入阈值

材　料	热输入阈值/(kJ/m)	弧坑孔洞尺寸上限/mm
铝合金	834.21	1.58
高氮钢	555.66	2.98

综合之前的分析，穿孔焊模式虽可提高传热效率，但过程不甚稳定，且穿孔焊需要更大的热输入，或可导致热影响区变宽、晶粒粗大和焊缝组织过烧等问题，使接头性能降低。因此，在CC-DSTW过程中，采用焊接参数相对较小的熔入焊模式，容易获得成形质量良好的焊缝。

4.3　CC-DSTW 电弧形态特征

电弧形态的变化直接反映了焊接过程的稳定性，也间接反映了焊接质量的优劣，因此研究CC-DSTW的电弧形态变化规律很有必要。研究方法是用视觉传感系统实时传感采集焊接过程的电弧灰度图像，并采用图像处理技术，突出有用特征，去除无用特征，提取重要特征信息进行分析。

图像处理涉及针对数字图像进行的一系列增强、平滑、分割和边缘检测等技术。其中，图像增强是指对图像的对比度、亮度、轮廓和边缘等特征进行突出强调，其目的是突出有价值的信息，主要方法包括基于点运算的灰度拉伸和基于变换域运算的高通与低通滤波；本书采用灰度拉伸的图像增强方法。图像平滑是指实现从一个像素到其相邻像素的灰度均匀变化的图像处理技术，常用方法包含基于邻域运算的均值滤波、高斯滤波、中值滤波和极值滤波等和基于变换域运算的低通滤波；本节中采用中值滤波的图像平滑方法。图像分割是用一定的规则将图像划分为若干个有意义的区域，各区域的交集为0，并集为整幅图像；本书主要采用最优阈值法进行图像分割，以达到二值化的目的。消除干扰主要是为了消除图像中的不连通小区域，在CC-DSTW电弧图像中主要针对电弧周围的焊接飞溅，采用形态学方法进行处理。边缘检测是提取图像中亮度变化明显的点（即边缘），常用的边缘检测算法包括一阶微分算子（梯度算子、Roberts算子、Sobel算子、Prewitt算子、Kirsch算子）和二阶微分算子（Canny算子、Laplacian算子、Marr-Hildreth算子、沈俊算子）；本节采用Canny算子提取电弧图像边缘。

采用MATLAB软件完成图像处理与分析，处理方法与所用函数具体如下：

（1）灰度拉伸

灰度拉伸是最基本的一种灰度变换，可以实现图像增强，它是采用线性变换函数扩大图像的灰度级范围，增强对比度，定义如下式：

$$G(x, y) = F[g(x, y)] \tag{4-3}$$

式中　　$g(x, y)$——原始图像；

　　　　$G(x, y)$——变换后的图像；

　　　　F——线性变换函数。

灰度拉伸可用 MATLAB 中的工具箱函数 imadjust 实现。

（2）中值滤波

中值滤波是一种基于排序统计理论的图像平滑技术，可以有效抑制噪声，同时能防止图像边缘被模糊。其基本原理是将图像中每个像素的灰度值用该点的一个邻域中各点灰度值的中值代替，从而达到消除噪声的目的。中值滤波可以用下式表达：

$$G(x, y) = \text{med}[g(x-k, y-1), (k, l \in W)] \tag{4-4}$$

式中　　$g(x, y)$——原始图像；

　　　　$G(x, y)$——滤波后的图像；

　　　　W——二维模板。

中值滤波可以用 MATLAB 的工具箱函数 medfilt2 实现。

（3）阈值分割

阈值分割是根据特定规则将图像分为若干区域的一种图像分割技术。本节主要采用最优阈值进行灰度图像的二值化操作。图像二值化操作可用下式表达：

$$G(x, y) = \begin{cases} 0, & \text{if} g(x, y) \leq T \\ 1, & \text{otherwise} \end{cases} \tag{4-5}$$

式中　　$g(x, y)$——原始图像；

　　　　T——阈值；

　　　　$G(x, y)$——二值化图像。

阈值分割可用 MATLAB 中的工具箱函数 im2bw 实现。

（4）删除小区域

删除小区域是指对图像中与主体部分不连通的小区域进行删除操作，主要是为了消除电弧图像中飞溅的影响，采用 MATLAB 的工具箱函数 bwareaopen 实现。

（5）边缘检测

边缘检测是为了提取灰度图像的阶跃边缘，即图像中灰度变化显著的像素，本书采用 MATLAB 的工具箱函数 edge 中的 canny 算子实现。

图 4-19 显示了 CC-DSTW 电弧与熔池图像的处理流程。

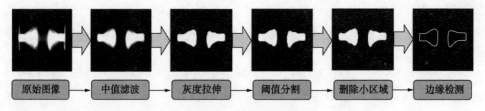

图 4-19　图像处理流程

4.3.1　铝合金电弧形态

铝合金 CC-DSTW 的典型电弧形态如图 4-20(a)所示。由图可见，电弧呈水平摆放的"钟罩"形，位于视场中央，即图中的两个烁亮区域，图像是从侧面采集获得，所以工件位于双弧之间。图 4-20(b)为图像灰度的直方图，可见，电弧图像的灰度值主要分布在 0~50 范围内，灰度大于 50 的像素数量极少，说明图像的大部分区域灰度值较低，即明亮区域面积较小，从图 4-20(a)可以看到，电弧区域(明亮区)在图像中所占比例的确较少。图 4-20(c)显示了 x 方向各行的灰度值变化，可见，x 方向的灰度曲线为"双峰"结构，每个"峰"对应一侧电弧，电弧左右两侧各出现了一个亮度较高的小"波峰"，分别以 m、n 表示，对照电弧图像可知，m 处的灰度变化是由强烈的弧光在 A 侧陶瓷喷嘴边缘发生漫反射引起的，同理，n 处的小"波峰"是由于 B 侧喷嘴边缘反射弧光所致。电弧部分的图像是我们关注的重点，而 m、n 处的图像则属于噪声，因此需要采用一些图像处理方法进行降噪。图 4-20(d)显示了 y 方向各列的灰度值变化。由图可见，由于扫描方向的原因，两个电弧的灰度曲线大部分产生重叠，因此呈现"单峰"形式，图中 p 位置出现了不少高度不等的小"波峰"，此为工件的中心位置受到两个电弧的照射发生漫反射导致，由于与双弧的距离不同，导致灰度值有一定的差别，因此形成高度不同的"波峰"。

图 4-21 显示了电弧图像经过中值滤波后的灰度特征。由图 4-21(a)可以看出，电弧图像明显更加平滑，像素间的过渡更加均匀。中值滤波可以有效地保护图像边缘，对灰度直方图[图 4-21(b)]的影响不大。由图 4-21(c)和图 4-21(d)可以看到，灰度曲线更加规则，图 4-21(c)中，m、n 处的噪声已被滤除。

图 4-22 为灰度拉伸后电弧图像的灰度特征。由图 4-22(a)可知，电弧周围的光晕已被滤除，几乎只剩下明亮的电弧区域。由图 4-22(b)可以看到，灰度几乎只集中于 0 和 255 附近，相当于增强了图像的对比度。图 4-22(c)和图 4-22(d)中 α 角(灰度曲线边缘的倾斜角)减小，图像的边界更加分明。

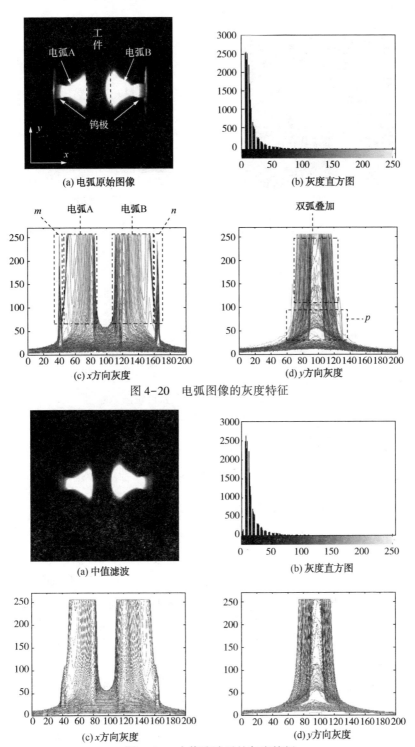

(a) 电弧原始图像

(b) 灰度直方图

(c) x方向灰度

(d) y方向灰度

图 4-20　电弧图像的灰度特征

(a) 中值滤波

(b) 灰度直方图

(c) x方向灰度

(d) y方向灰度

图 4-21　中值滤波后的灰度特征

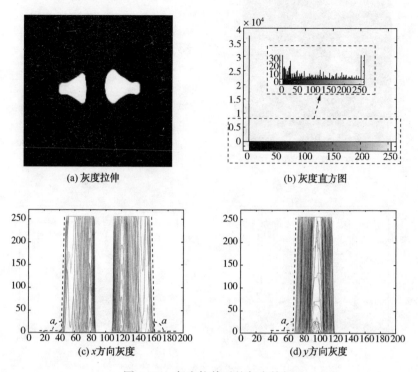

(a) 灰度拉伸　　　　　　　　　(b) 灰度直方图

(c) x方向灰度　　　　　　　　　(d) y方向灰度

图 4-22　灰度拉伸后的灰度特征

　　图 4-23 为阈值分割后的电弧图像。图 4-23(a)是完全的二值化图像，直方图[图 4-23(b)]只有 0 和 255 两个灰度值，由图 4-23(c)和图 4-23(d)可以看出，图像的边缘完全是阶跃型变化，非黑(灰度值 0)即白(灰度值 255)，α 减小为 90°。

　　为定量分析电弧的形态特征，定义了电弧几何特征参数。图 4-24(a)为电弧的边缘图像，将电弧由钨极到工件依次划分为根部、弧柱和端部三个部分，电弧根部与端部的直径分别用 d_r 和 d_t 表示，A 侧或 B 侧以下标表示。图 4-24(b)为二值化的电弧图像，弧柱部分近似为圆锥，两侧电弧的锥角分别用 θ_A 和 θ_B 表示。消除绝对尺寸的影响可以更准确地描述对象的形状特征，因此定义了无量纲参数——电弧形态系数，形态系数 β 为电弧根部直径与电弧端部直径的比值，即：

$$\beta = d_r / d_t \tag{4-6}$$

　　通过计算，得出电弧几何特征参数见表 4-2。由于两侧工艺参数完全相等，因此两侧几何参数相差不大。

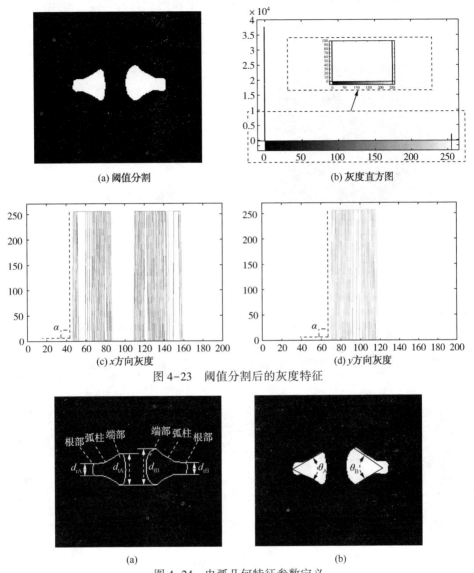

(a) 阈值分割　　　　　　　　　　(b) 灰度直方图

(c) x方向灰度　　　　　　　　　　(d) y方向灰度

图 4-23　阈值分割后的灰度特征

(a)　　　　　　　　　　(b)

图 4-24　电弧几何特征参数定义

表 4-2　铝合金电弧几何特征参数

β_A	β_B	θ_A	θ_B
0.40	0.36	65.0	71.8

4.3.2　高氮钢电弧形态

图 4-25 为高氮钢 CC-DSTW 的典型电弧形态。与铝合金焊接电弧不同，高氮钢电弧呈"折扇"形。图 4-25(b)~图 4-25(d)分别为图像灰度直方图、x 与 y

方向的灰度变化。由图可见，高氮钢和铝合金电弧的灰度特征是类似的。图4-25(e)~图4-25(h)为高氮钢电弧图像的处理结果，采用与铝合金相同的计算方法，获得高氮钢电弧的几何特征参数，见表4-3。

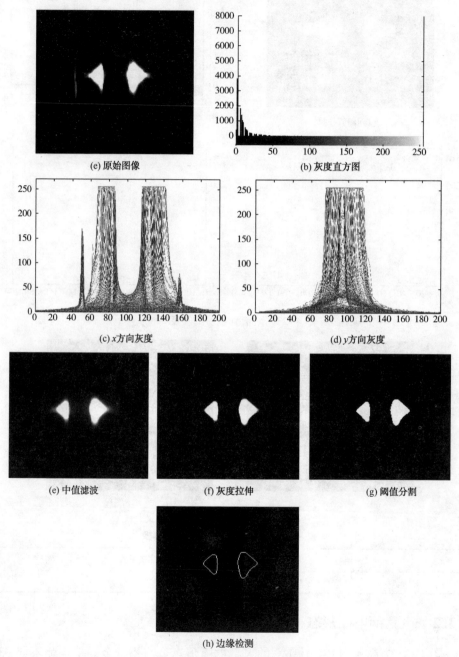

(e) 原始图像　　　　　　　　　(b) 灰度直方图

(c) x方向灰度　　　　　　　　　(d) y方向灰度

(e) 中值滤波　　　　(f) 灰度拉伸　　　　(g) 阈值分割

(h) 边缘检测

图4-25　高氮钢电弧的灰度特征和图像处理结果

由表 4-3 可以看出，A、B 两侧的几何特征参数同样差别不大，然而，高氮钢电弧的形态系数 β_A、β_B 均小于铝合金，表明高氮钢电弧的根部直径更小，端部直径更大，而高氮钢电弧的锥角 θ_A、θ_B 均大于铝合金。综合以上分析，铝合金 CC-DSTW 的电弧为高而窄的收缩形态，而高氮钢为矮而宽的铺展形态。

表 4-3　高氮钢电弧几何特征参数

β_A	β_B	θ_A	θ_B
0.13	0.10	93.8	96.1

4.4　电弧-熔池行为的影响因素

电弧与熔池行为可直接反映焊接过程的稳定性，为焊接质量在线监测与控制提供数据基础，并对焊接质量评定有重要参考价值。另外，在 CC-DSTW 中，借助电弧形态信息还可辅助判定熔透模式。因此，开展电弧形态和熔池行为研究，为进一步的焊缝质量优化与控制指明方向，具有重要的理论价值和实际意义。

4.4.1　金属理化特性对熔池行为的影响规律

熔化金属的表面张力和黏度是影响熔池流动行为的重要因素。液态金属的表面张力和黏度越大，金属流动越困难。表面张力和黏度均是成分与温度的函数，根据资料，Al 和 Fe 的表面张力分别为 914×10^{-7} N/m 和 1872×10^{-7} N/m，黏度分别为 1.18mPa·s 和 4.95mPa·s，近似以铝和铁的表面张力和黏度表示其合金的表面张力和黏度。

图 4-26 分别显示了铝合金与高氮钢焊接时的电弧与侧向熔池形态。由于铝合金液态下的表面张力和黏度均较小，具有良好的流动性，金属每熔化一部分，该部分熔体在重力的驱使下快速向下流动，鉴于铝合金较大的导热系数，流向后方的熔化金属旋即凝固。在图 4-26(a) 的视场中只见电弧而不见熔池，表明熔池具有良好的流动性和润湿性，熔池金属没有在尾部大量积累。因此，铝合金焊缝表面平滑流畅，光洁美观，如图 4-27(a) 所示。

高氮钢的表面张力和黏度均远大于铝合金，因此液态金属的润湿性差，铺展难度大。随着熔池体积的增大，液态金属通常聚拢为"水滴"状，并持续长大，高氮钢较小的导热系数可延长熔池的存在时间，降低金属的凝固速度，直到表面张力无法支撑熔池重力时，熔池沿工件表面快速下滑，凝固后形成焊瘤、驼峰缺陷。从图 4-26(b) 可以看到，$t+0.00$s 到 $t+0.90$s 之间，液态金属形成滴状聚拢，且液滴不断长大，凝固后形成焊瘤和驼峰［图 4-27(b)］。

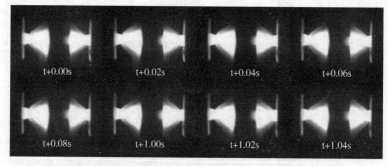

(a) 铝合金

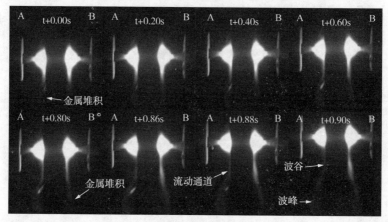

(b) 高氮钢

图 4-26　两种材料的电弧及侧向熔池形态

(a) 铝合金(Q=952kJ/m)

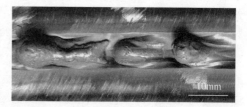

(b) 高氮钢(Q=630kJ/m)

图 4-27　两种材料的典型焊缝成形

　　铝合金的导热系数[取 120W/(m·K)]约为高氮钢[取 20W/(m·K)]的 6 倍，铝合金的快速散热使其不会在焊缝部位累积过多的热量，而高氮钢焊接时热量则更容易在焊缝部位集聚，这将进一步增大熔池体积和质量，提高熔池脱离焊道的风险，造成体积更大的焊瘤与凹陷。

　　通过多组试验发现，在较宽范围内选择参数，均不会导致铝合金产生焊瘤、驼峰等缺陷，这在一定程度上表明液态金属的表面张力、黏度和导热系数等参数对 CC-DSTW 的熔池行为有较大影响，适中的表面张力和黏度对熔池成形起到良好的支撑和维持作用，而表面张力和黏度过大，则会致使熔池的润湿性和铺展性大幅降低，反而不利于成形；较大的导热系数可加快熔池的凝固速度，有利于控制成形。

4.4.2　电流形式对电弧-熔池行为的影响

从上一节可以看出，铝合金 CC-DSTW 的熔池平稳，焊接过程稳定，而高氮钢熔池稳定性较差，因此本节主要阐述电流形式（脉冲、恒流）对高氮钢焊接电弧-熔池行为的影响规律，为高氮钢焊接工艺的优化指明方向。

（1）脉冲与恒流焊的电弧-熔池行为

脉冲与恒流 CC-DSTW 的电弧-熔池形态有显著的差异，为了定量表征电弧-熔池特征，分别定义了两种焊接工艺的电弧-熔池形态特征参数，如图 4-28 所示。由图 4-28 可见，CC-DSTW 的熔池包括两部分，一部分被电弧覆盖，无法在图中直接观察，而另一部分流向熔池尾部，脱离了电弧的覆盖范围，可直接观测。另外，两种工艺的电弧尾部特征有明显区别，为便于表述，称电弧的尾部区域为电弧"尾焰"。脉冲焊[图 4-28（b）]中，d_w 为电弧阳极区的宽度，h_w 为熔池尾部金属堆积区的高度。恒流焊[图 4-28（d）]中，阳极区的宽度仍用 d_w 表示，d_l 为电弧"尾焰"的长度，熔池尾部圆弧切线与工件表面的夹角称为接触角 θ。由于工件两侧的电弧情况类似，因此仅以 A 侧为例进行分析。

两种工艺不同时刻的电弧-熔池形态如图 4-29 所示。由图 4-29 可知，脉冲焊电弧的灰度和面积均呈现周期性变化。通过图像处理和标定试验，测量电弧-熔池特征参数，绘制曲线，如图 4-30 所示。由图 4-30 可以清晰地看到，电弧阳极区的宽度 d_w 和熔池尾部金属堆积区的高度 h_w 均出现明显的周期性波动，显而易见，前者周期性波动是脉冲电流自身特性所致，而后者变化的原因在于脉冲峰值和基值出现时熔池的体积扩张和收缩。当电流处于峰值时，热输入较大，金属的熔化量增多，熔池体积和质量增加，另外，峰值时电弧力较大，熔池前端凹陷增大，导致较多液态金属流向熔池尾部，尾部金属大量堆积，堆积区高度 h_w 增大；而电流处于基值时，情况正好相反。脉冲焊使熔池在"冷-热"交替中获得周期性冷却，提高了熔池成形的可控性，显著改善了焊缝成形质量。

图 4-31 显示了不同时刻的恒流 CC-DSTW 的电弧-熔池形态。采用恒流焊时，电弧"尾焰"总是向远离工件的一侧弯曲，同时液态金属在熔池尾部的堆积逐渐增多。恒流 CC-DSTW 的电弧-熔池特征参数变化如图 4-32 所示。随着时间的推移，接触角 θ 先增大后减小，$t=4.88s$ 时达到最大值 48°，在 $t=4.93s$ 时接触角最小，仅为 20°。这些现象表明，在 $t=4.40\sim4.88s$ 期间，液态金属持续在熔池尾部堆积，但在 $t=4.90\sim4.93s$ 期间，金属堆积区则突然崩塌。$t=4.93s$ 时，

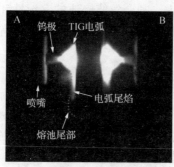

(a) 脉冲焊电弧与熔池形态

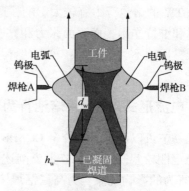

(b) 脉冲焊电弧与熔池特征参数

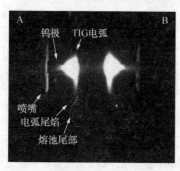

(c) 恒流焊电弧与熔池形态

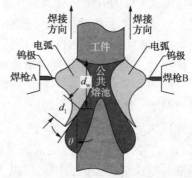

(d) 恒流焊电弧与熔池特征参数

图 4-28　CC-DSTW 电弧-熔池特征参数定义

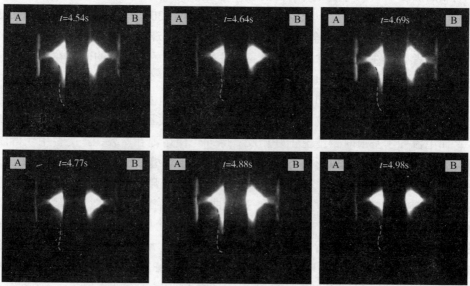

图 4-29　典型时刻脉冲 CC-DSTW 的电弧-熔池行为

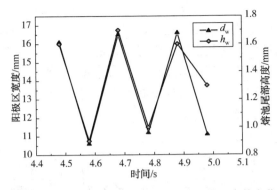

图 4-30　脉冲 CC-DSTW 的电弧-熔池特征参数变化

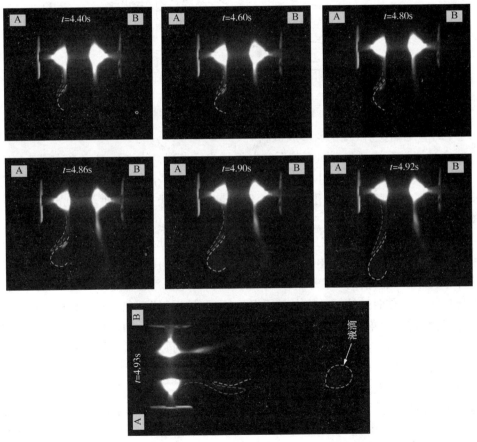

图 4-31　典型时刻恒流 CC-DSTW 的电弧-熔池行为

可以明显地看到有液滴脱离焊道，从堆积区域坠落。从图 4-32 还可得出，在 $t=$ 4.40~4.93s 期间，电弧的阳极区宽度和电弧"尾焰"的长度都呈增大的趋势。由于电弧阳极区的宽度反映了电弧与熔池直接作用部分的长度，它的增大说明熔池长度增加。分析认为，恒流焊时熔池行为可控性差的主要原因在于：①由于采用恒流焊接，持续的恒定热量致使熔池存在时间变长，凝固速率减小，熔池体积增大；②高氮钢材料的导热系数很小，阻碍了热量散失，加速了热量积累；③高氮钢的表面张力很大，阻止了其在熔化状态下的铺展。因此，液态金属在重力和电弧力的作用下向下流动，在熔池尾部不断堆积，直到表面张力无法支撑时，熔池瞬间失稳崩塌，大量金属液体外溢。

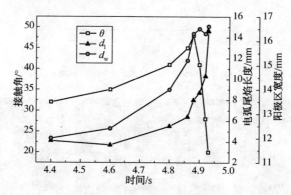

图4-32　恒流CC-DSTW的电弧-熔池特征参数变化

（2）"尾焰反射"现象及形成机制

通过视觉系统观测不同工艺下的电弧行为后发现，当电弧与熔池达到某些特定位置关系时，电弧强烈冲击当前侧熔池表面或自"小孔"透出的对侧电弧，受到熔池或对侧电弧的反作用力后发生尾部翘曲，这类似于物理学中光的反射现象，称为"尾焰反射"。

根据"反射"时的接触对象不同可分为熔池"尾焰反射"和电弧"尾焰反射"两种。熔池"尾焰反射"是指电弧接触熔池前壁发生的"尾焰反射"现象，与等离子弧焊穿孔未形成之前的"等离子云"原理类似；而电弧"尾焰反射"则指穿孔焊时，电弧接触到穿孔而过的另一侧电弧所发生的"尾焰反射"现象（下节详述）。

熔池"尾焰反射"的产生原因详细分析如下：在电弧力的作用下，熔池前端凹陷，液态金属由于电弧力的横向"挤压"和重力的竖向"拉拽"作用而逐渐堆积于熔池尾部，熔池前壁与后壁构成基本反射面；由于熔池形成需要时间，因此在焊接方向上，电弧位置总是领先熔池，二者之间有一定的偏移量；正是由于电弧与熔池的位置偏差，导致焊接过程中大部分电弧高速冲击熔池前壁，在前壁的反作用力下发生"反射"，自熔池尾部方向喷出。根据反射定律，绘制"尾焰反射"机制示意图[图4-33（a）]。随着热量的进一步积累，熔池的凹陷程度增大，前壁的坡度变陡，电弧在一次"反射"后还可能再次接触到半凝固状态的熔池尾部金属堆积区的表面，形成二次"反射"[图4-33（b）]。熔池尾部金属堆积区体积越大，则熔池后壁坡度越陡，二次"反射"后电弧"尾焰"与工件表面的夹角越大，对比图 4-31 中 $t=4.86s$ 与 $t=4.92s$ 时刻，可得到验证。

"尾焰反射"现象可以反映焊接过程的稳定性。"尾焰"波动程度越剧烈，熔池形状瞬时变化越严重，失稳风险越高。

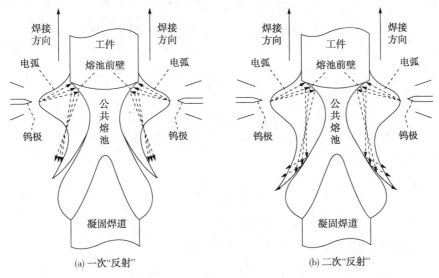

(a) 一次"反射"　　　　　　　　　(b) 二次"反射"

图 4-33　熔池"尾焰反射"产生机制

4.4.3　保护气成分对电弧形态的影响规律

根据前文可知，保护气中添加氮气会对焊缝成形产生不利影响，通过视觉系统监测电弧形态发现，氮气也会对电弧形态产生较大影响。图 4-34 为不同保护气成分下的高氮钢 CC-DSTW 电弧形态。对比发现，保护气中加入氮气后，电弧显著收缩。图中 d 为电弧端部直径，d 随着氮气比例的提高而减小，同时焊接飞溅逐渐增大，电弧稳定性逐步变差。

当保护气中氮气比例为 20%、60% 和 100% 时，出现周期性的电弧"尾焰反射"现象，根据上节定义，电弧"尾焰反射"是指电弧接触到从"小孔"透过的对侧电弧发生的"尾焰反射"现象。当保护气中氮气比例为 10% 时，飞溅较少，未出现"尾焰反射"，而采用纯氮气保护时，飞溅与烟尘程度最大，"尾焰反射"最剧烈。另外，A 侧电弧"尾焰"与工件表面的夹角较小，尺寸也较小，而 B 侧相反。

根据弧坑形貌(图 4-35)可知，产生电弧"尾焰反射"现象的焊缝为穿孔焊熔透模式。"小孔"形成后，两侧的电弧均会穿孔而过，对另一侧的电弧形态产生作用。由于工件 A 侧采用脉冲电流，因此会产生周期性变化的电磁力。当 A 侧电流达到峰值时，熔池受到 A 侧的电磁力最大，远大于 B 侧，反之，当电流处于基值(峰值电流的 20%)时，熔池受到 A 侧的电磁力则很小，远小于 B 侧。因此，电流处于峰值时，熔池受到的合力方向指向 B 侧，A 侧电弧透过"小孔"冲

111

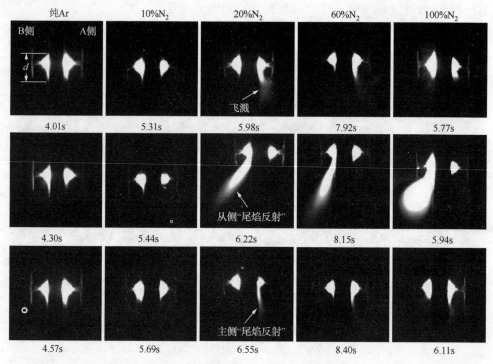

图 4-34　不同保护气下的电弧形态

击 B 侧电弧，导致 B 侧电弧发生"尾焰反射"。当电流降至基值时，熔池受到的合力方向指向 A 侧，B 侧电弧同样通过"小孔"冲击 A 侧，致使 A 侧电弧发生"尾焰反射"。脉冲电流可提高电弧的电磁力，因此，B 侧的电弧"尾焰反射"程度较 A 侧剧烈。

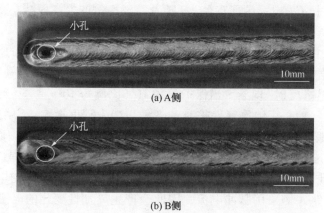

图 4-35　焊缝弧坑孔洞

　　为了深入研究保护气对电弧形态的影响程度，通过图像处理的方法获取二值化的电弧图像，计算电弧面积，定量对比电弧的形态变化特征。电弧面积的定义如图 4-36 所示。

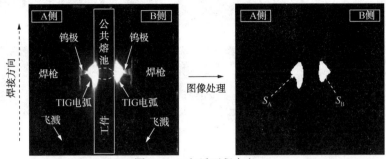

图 4-36 电弧面积定义

选取三种保护气（100%Ar、60%N₂+40%Ar 和 100%N₂）成分进行试验，在每种保护气焊接过程中选取三个连续周期的电弧图像进行对比（图 4-37）。对比发现，氮气加入后，电弧面积显著减小，电弧收缩，这是由于氮气分子受热发生解离反应，使电弧冷却而产生收缩，另外，这还与氮气较高的比热容和导热系数有关。然而，从图 4-37 中也可以看到，随着保护气中氮气比例的提高，飞溅变大，电弧形变加重，导致电弧面积在某些时刻又表现出增大的趋势。

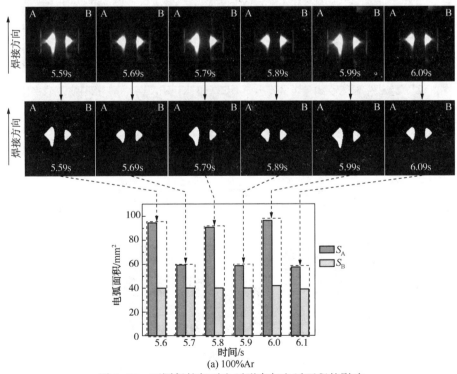

图 4-37 不同保护气对电弧形态与电弧面积的影响

113

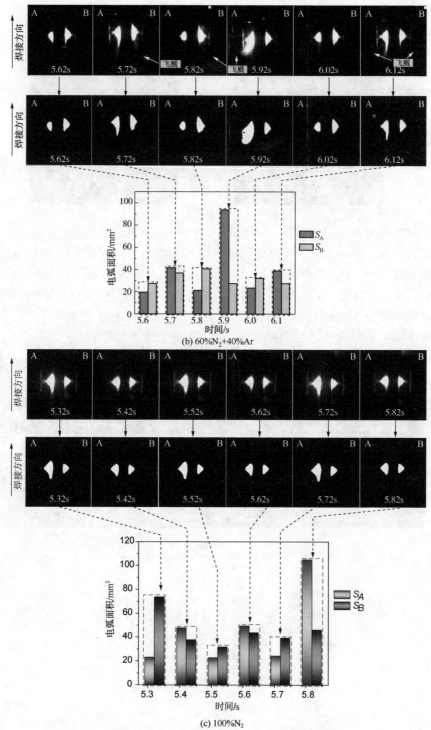

图 4-37 不同保护气对电弧形态与电弧面积的影响 (续)

为了全面评价焊接过程的电弧形态变化，计算了整个过程电弧面积的平均值和变异系数，结果如图4-38所示。在A侧，保护气中加氮的平均电弧面积小于纯氩保护，与前文观察和分析结果一致，而B侧，电弧的平均面积随着保护气中氮气比例提高反而增大，主要是飞溅导致的电弧变形加重引起的。两侧电弧面积的变异系数均随保护气中氮气比例的提高而大幅提高，表明随着氮气的增加，电弧的稳定性急剧变差。因此，为了提高焊接过程稳定性，采用氮氩混合气焊接高氮钢时，保护气中氮气比例应有所控制。

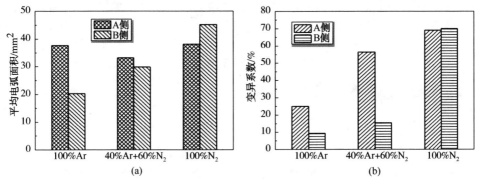

图4-38　焊接过程中电弧面积的均值与变异系数

5 CC-DSTW熔池流动行为

为了深入研究 CC-DSTW 接头的成形机理，本章建立了熔池的受力模型，从静力学角度揭示立焊、平-仰焊和横焊位置的熔池流动规律与焊缝成形机理。本章的讨论将基于 CC-DSTW 熔入焊展开。

5.1 CC-DSTW 熔池力学模型

分析熔池受力有利于从根源上了解 CC-DSTW 的成形机理，由于熔池所受外力较多，外力之间的交互作用非常复杂，且熔池金属为高温流体，在焊接过程中始终处于流动状态，受力的影响因素众多，导致分析难度增加，为了便于讨论，对熔池的状态进行一定的简化，做出如下假设：

① 假设高温熔池内部液态金属处于静止状态，并将熔池作为整体处理，只探讨其所受外力。

② 通常情况下，立焊时熔池金属由于重力作用会在竖直方向向下流动，熔池达到准稳态时，认为该流动为匀速流动。

③ 在立焊与横焊位置，当工件熔透时，熔池金属可能受到上侧未熔金属对熔池的压力，但由于熔池为流体，重力的作用下大量向下流动，且熔透时熔池体积和质量均较大，对上侧固液界面的压力很小，讨论时予以忽略。

④ 工件两侧采用相同的焊接参数。

⑤ 忽略大气压力的作用。

5.1.1 CC-DSTW 立焊熔池力学模型

在 CC-DSTW 立焊中，当工件未熔透时，A、B 两侧分别形成独立的熔池，熔池受力主要包括电磁收缩力(电弧静压力)f_e、等离子流力(电弧动压力)f_p、表面张力 σ、重力 G 和未熔金属与凝固焊道对熔池的支持力 f_N，如图 5-1(a)所示。由于热输入较小，近似认为熔池液面水平，表面张力相互抵消。为了方便讨论，将电弧静压力和等离子流力的合力称为电弧力 F。工件两侧的受力以下角标 A、B 表示，由于 A、B 两侧情况对等，仅以 A 侧为例进行讨论，熔池受力的简化模型如图 5-1(b)所示。达到准稳态以后，熔池处于一个平衡的三相系统中，认为其所受外界合力为 0。假设所有力共点，分别以水平向右和竖直向下为 x 轴和 y

轴的正方向，则有

$$\begin{cases} F_A - F_{NAx} = 0 \\ G_A - F_{NAy} = 0 \end{cases} \qquad (5\text{-}1)$$

式中　F_N——熔池支持力 f_N 的合力；

　　　F_{NAx}——A 侧支持力，F_N 在 x 方向的分力；

　　　F_{NAy}——A 侧支持力，F_N 在 y 方向的分力。

随着热输入继续增大，电弧力 F_A 与熔池重力 G_A 增加，熔池对凝固焊道和未熔金属的压力同时增大，相应的，支持力 F_N 同步增加，平衡方程式仍然成立。在工件未熔透时，熔池体积较小，一般不发生下淌的问题。

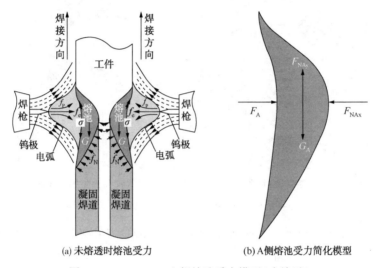

(a) 未熔透时熔池受力　　　　　　(b) A侧熔池受力简化模型

图 5-1　CC-DSTW 立焊熔池受力模型（未熔透）

当工件熔透时，熔池体积增大，由于重力与电弧力的共同作用，大量熔池金属向下流淌，使熔池拉长，并在熔池尾部产生堆积，导致熔池液面的凹凸性发生变化，在电弧正对的位置熔池液面凹陷，而熔池尾部液面凸起。熔池液面凹凸性的变化导致表面张力的方向发生改变，分别将凹液面和凸液面部分的表面张力定义为熔池头部表面张力 σ_1 和熔池尾部表面张力 σ_2，熔池受力情况如图 5-2(a) 所示。根据界面力学理论可知，弯曲液面两侧会产生压力差，主要原因是弯曲液面改变了表面张力的合力方向。当液面为凹面时，表面张力的合力方向指向液体外部，合力将对液面下层液体施以拉力；当液面为凸面时，则表面张力的合力方向指向液体内部，合力将对液面下层液体施以压力。弯曲液面的附加张力差 Δp 与曲率半径的关系可以用 Young–Laplace 公式表述

$$\Delta p = \sigma \left(\frac{1}{r_1} + \frac{1}{r_2} \right) \qquad (5\text{-}2)$$

式中，Δp——弯曲液面的附加张力；

σ——表面张力系数；

r_1、r_2——弯曲液面上任意矩形曲面单元的两个主曲率半径。

图5-2(b)为熔池受力的简化模型。由图可见，熔池头部金属液面向熔池内部凹陷，因此产生朝向熔池外部的附加拉力 Δp_1，熔池尾部的金属液面向熔池内部凸起，因此产生朝向熔池内部的附加压力 Δp_2。

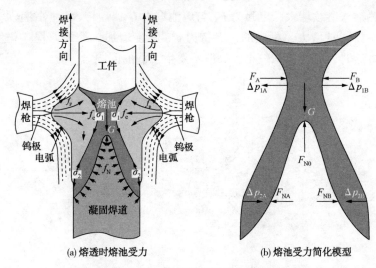

(a) 熔透时熔池受力　　　　　　　(b) 熔池受力简化模型

图5-2　CC-DSTW 立焊熔池受力模型(熔透)

为了方便分析，将未熔金属对熔池的支持力的合力分解为三个不同方向的分力，分别为 F_{N0}、F_{NA} 和 F_{NB}。达到准稳态时受力平衡，即熔池所受外界合力为 0，假设所有力共点，分别以水平向右和竖直向下为正方向，则有

$$\begin{cases} F_A - \Delta p_{1A} + \Delta p_{2A} - F_{NA} - F_B + \Delta p_{1B} - \Delta p_{2B} + F_{NB} = 0 \\ G - F_{N0} = 0 \end{cases} \tag{5-3}$$

由于工件两侧均采用相同的电流，两侧电弧力相等，即 $F_A = F_B$，由于工件两侧对称同步加热，认为两侧熔池液面的凹凸程度相同，即曲率半径 r_1、r_2 相等，根据式(5-2)，两侧液面产生的附加张力相等，即 $\Delta p_{1A} = \Delta p_{1B}$，$\Delta p_{2A} = \Delta p_{2B}$。竖直方向上，凝固焊道对熔池的支持力会随着熔池所受重力的变化而变化，因此在熔池失稳之前会一直保持 $G = F_N$。综合分析，式(5-3)容易满足，因此熔池形状理论上应该关于工件厚度方向的中心线对称。但这只是理想状况，实际上，由于流体无固定的形状，加之立焊时熔池所处的位置重心较高，致使其一直处于不稳定平衡状态，一旦受到外界的扰动则有可能失去平衡，进而造成两种后果，一是在新的位置再度平衡，形成不对称焊道，二是熔池全面崩塌，产生驼峰或焊穿缺陷。

倘若由于外界扰动导致熔池偏向 B 侧，这意味着 A 侧的熔池头部液面凹陷程度增大[图5-3(a)]，液面曲率半径 r_1、r_2 相应减小。图5-3(b)显示了熔池偏向 B 侧时的受力简化模型。近似认为熔池达到准稳态后表面张力系数 σ 不变，根据式(5-2)得出，A 侧受到的附加拉力 Δp_{1A} 增大。同理，B 侧熔池头部液面的凹陷程度减小，则 B 侧受到的附加拉力 Δp_{1B} 减小。另外，A 侧熔池表面凹陷程度增大导致电弧拉长，因此相应的电弧力 F_A 变小，而 B 侧熔池表面凹陷程度减小导致电弧缩短，电弧力 F_B 增大。因为熔池整体偏向 B 侧，导致 B 侧熔池尾部液面凸起程度略微增大，相应的 B 侧受到的附加压力 Δp_{2B} 增大，相应的已凝固金属对熔池尾部的支持力 F_{NB} 增大，支持力是随着附加压力的增加而增加的，数值则保持与附加压力相等，即 $F_{NB}=\Delta p_{2B}$。同理，A 侧熔池尾部受到的附加压力 Δp_{2A} 和支持力 F_{NA} 均减小，但也满足 $F_{NA}=\Delta p_{2A}$。竖直方向上，支持力 F_{N0} 始终随着熔池重力 G 的变化而变化，保持 $G=F_{N0}$。

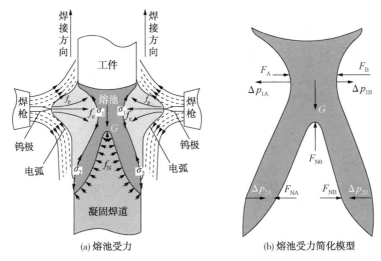

(a) 熔池受力   (b) 熔池受力简化模型

图5-3 不对称熔池受力模型

以下可分两种情况进行讨论：

① 如果电弧力的变化恰好等于附加张力的变化，即 $F_A-F_B=\Delta p_{1A}-\Delta p_{1B}$，则熔池在新的位置的受力重新满足平衡方程式(5-3)，再次达到平衡状态，此种受力状态下得到的焊缝 A、B 两侧的余高不相等，即不对称焊道，焊缝成形如图5-4 所示。

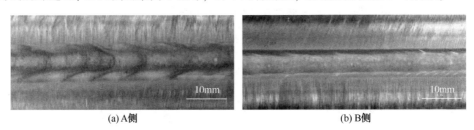

(a) A侧   (b) B侧

图5-4 不对称焊道成形

② 如果熔池受到干扰后偏离中心过多，增大的附加张力和电弧力不足以阻止其继续流动，即 $F_A-F_B>\Delta p_{1A}-\Delta p_{1B}$，水平方向上受力情况满足式(5-4)。这将导致熔池失稳，大量的熔化金属涌向 B 侧，进而引起熔化金属脱离焊道而坠落，形成焊瘤、驼峰乃至穿孔等缺陷，焊缝成形如图 5-5 所示。

$$F_A-\Delta p_{1A}+\Delta p_{2A}-F_{NA}-F_B+\Delta p_{1B}-\Delta p_{2B}+F_{NB}>0 \qquad (5-4)$$

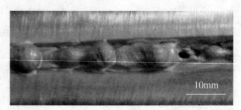

(a) A侧   (b) B侧

图 5-5 焊瘤和驼峰缺陷

5.1.2 CC-DSTW 平-仰焊熔池力学模型

图 5-6 为 CC-DSTW 平-仰焊未熔透时的熔池受力状态，焊接方向垂直于纸面向外。当工件未熔透时，平焊侧和仰焊侧各自形成独立熔池，与立焊类似，熔池受力同样包括电弧静压力 f_e、电弧等离子流力 f_p、表面张力 σ、重力 G 及未熔金属对熔池的支持力 f_N，此时焊道表面曲率较小，近似认为熔池液面水平。因此，表面张力只作用于水平方向，不产生竖直方向的分力。

当平焊侧熔池达到准稳态时，认为其在竖直方向受力平衡，即

$$F_u+G_u=F_{Nu} \qquad (5-5)$$

式中 F——电弧静压力 f_e 和电弧等离子流力 f_p 的合力；

F_N——支持力 f_N 的合力。

平焊侧与仰焊侧以下角标 u 和 d 区分，u 表示平焊侧受力，d 表示仰焊侧受力。随着热输入的增加，电弧力增大，熔池体积与质量增大，对未熔金属的压力增大，相应的支持力 F_{Nu} 增大，始终保持受力平衡。

仰焊侧熔池所受电弧力与自重方向相反，若电弧力大于熔池重力，则熔池金属对未熔母材产生压力，相应未熔母材对熔池金属产生支持力 F_{Nd}，熔池达到平衡状态时，有

$$F_d=G_d+F_{Nd} \qquad (5-6)$$

图 5-6 CC-DSTW 平-仰焊熔池受力模型(未熔透)

若电弧力恰好能承载熔池的重力，则熔池金属不

120

对未熔母材产生压力，故而母材对熔池的支持力 F_{N_d} 为 0，即

$$F_d = G_d \qquad (5-7)$$

当热输入较大，熔池重力的增大幅度超过电弧力的增幅时，则熔池重力大于电弧力，电弧力不足以维持熔池的形状，大量熔池金属向仰焊侧流动。不过由于未焊透的情况下热输入较小，一般不会出现此种情形，此处不予讨论。

当工件熔透时，双侧电弧产生的熔池合二为一，形成一个新的"公共熔池"，新熔池所受外力包括电弧静压力 f_e、电弧等离子流力 f_p、表面张力 σ、重力 G，由于此时熔池部位母材金属全部熔化，所以竖直方向上不存在未熔金属对熔池的支持力。由于平焊侧电弧力 F_u 与熔池重力 G 方向均竖直向下，使熔池有"下坠"的趋势，易导致焊缝产生焊漏、焊瘤等缺陷，是熔池成形的破坏力，而仰焊侧电弧力 F_d 方向竖直向上，起到"托举"熔池的作用，是熔池成形的维持力。若破坏力与维持力相等，即

$$F_u + G = F_d \qquad (5-8)$$

则熔池液面近似处于水平状态，受力如图 5-7 所示，此时表面张力同样只作用于水平方向，对竖直方向受力不产生影响。

随着热输入的增加，熔池质量增加，熔池所受破坏力增大，最终超过维持力，即

$$F_u + G > F_d \qquad (5-9)$$

合力方向向下，熔池金属向仰焊侧流动，熔池液面产生凹陷，此时熔池的受力如图 5-8 所示。

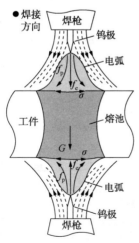

图 5-7　液面处于水平状态的
熔池受力模型

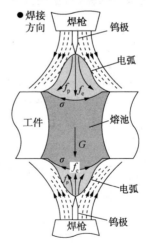

图 5-8　CC-DSTW 平-仰焊
熔池受力模型(熔透)

根据界面力学理论可知，平焊侧熔池液面向下凹陷，会产生向上的附加拉

力，仰焊侧熔池液面向下凸出，故而产生向上的附加压力，因此，整个熔池受到向上的附加张力。随着热输入的进一步增加，熔池液面凹陷程度增大，近似认为该过程中熔池金属的表面张力系数不变，而 r_1、r_2 随着熔池液面凹陷程度的增大而变小，根据 Young-Laplace 公式［式(5-2)］，附加张力 Δp 增大，方向指向平焊侧。同时，由于熔池液面下凹，平焊侧弧长变长，相应电弧力减小，仰焊侧弧长变短，电弧力增大。因此，熔池的维持力随液面凹陷程度的增大而增大，而破坏力则随液面凹陷程度的增大而减小。当维持力重新增大到与破坏力相等的时候，熔池液面停止下凹，竖直方向受力再次达到平衡，满足：

$$F_u + G = F_d + \Delta p_u + \Delta p_d \tag{5-10}$$

最终形成上凹下凸的"倒拱桥"形焊接接头，接头形貌如图 5-9 所示。当热量输入远大于合理参数范围时，熔池自重过大，导致破坏力远大于维持力，熔池液面严重下凹，增加的电弧力和附加张力不足以承载过大的熔池重力，熔池即会脱离焊道，产生焊瘤、焊穿等缺陷。

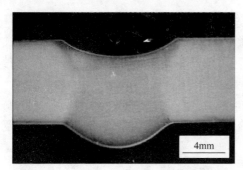

图 5-9　CC-DSTW 平-仰焊接头形貌

工件焊透时，熔池重力比未熔透时大幅增加，同时又受到平焊侧向下的电弧力作用，仅靠仰焊侧电弧力向上"托举"熔池，一般不会出现熔池的维持力大于破坏力的情况，故不予讨论。

图 5-10 显示了 CC-DSTW 平-仰焊两种受力状态下的焊缝成形。m 段，熔池所受的维持力与破坏力相等，焊缝表面高度与周围母材金属保持齐平；n 段，熔池所受的破坏力大于维持力，焊缝平焊侧产生凹陷，仰焊侧凸起。在 CC-DSTW 平-仰焊过程中，要时刻保持熔池所受的破坏力与维持力相等，几乎是不可能的，一般还是以熔池所受破坏力大于维持力的情况为主，即"倒拱桥"形的接头形状为常态。

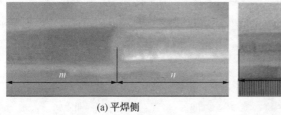

(a) 平焊侧　　　　　　　　　　(b) 仰焊侧

图 5-10　CC-DSTW 平-仰焊两种熔透状态

5.1.3　CC-DSTW 横焊熔池力学模型

图 5-11 为 CC-DSTW 横焊未熔透与熔透时的熔池受力，焊接方向垂直于纸面向外。对比可知，横焊与立焊的唯一区别就是焊接方向不同。在试板垂直于地面装夹的情况下，竖直焊接为立焊，水平焊接为横焊，然而，焊接方向的变化并不会引起熔池受力的改变。因此，CC-DSTW 立焊与横焊熔池受力完全一致。

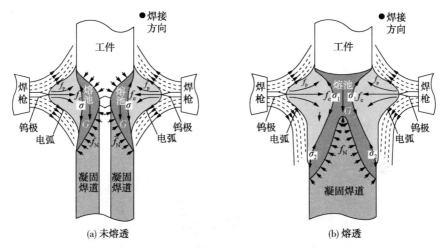

(a) 未熔透　　　　　　　　　(b) 熔透

图 5-11　CC-DSTW 横焊熔池受力模型

由于立焊时熔池所受重力方向与焊接方向相反，由于重力 G 作用，熔化金属会向下流动，但熔池金属始终位于整条焊缝范围之内［图 5-12(a)］，而且先凝固焊道的余高对熔池有一定的支持作用，虽然可能产生余高过大或驼峰等问题，但总体来看，获得良好成形的概率更大。横焊时熔池所受重力方向与焊接方向垂直，熔池金属在重力作用下向下流动后，容易偏离焊缝中心［图 5-12(b)］，当熔池质量较大时，由于缺少支撑容易坠落。由于 CC-DSTW 的熔池体积较大，试验焊缝几乎都出现了熔池滴落的现象，成形的稳定性很差。然而，刘树义等获得了良好的大厚板双面横焊接头，分析可能有两方面原因。首先，未采用 CC-DSTW 的方式，而是双弧之间预留 20～50mm 的间距，与同轴焊相比，热输入较小，熔池体积容易控制；其次，试板加工双面 55° 的非对称坡口，下坡口面对液态金属有良好的承托作用。而本书采用 I 形坡口且双弧同轴分布，所以更易出现熔池金属下淌的现象。

焊缝成形如图 5-13 所示。由图可见，焊缝一致性很差，足见焊接过程中熔池状态极不稳定，A 侧焊缝的上边缘多处出现凹槽，而下边缘金属堆积产生焊瘤，B 侧发生了熔池金属外溢、坠落的情况。

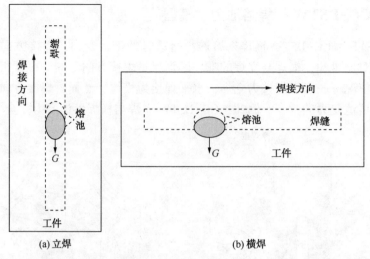

(a) 立焊   (b) 横焊

图 5-12 立焊与横焊熔池行为机制

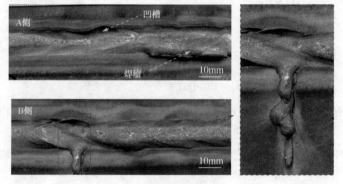

图 5-13 CC-DSTW 横焊成形

5.1.4 不同焊接位置的焊缝成形控制思路

由上文可知，CC-DSTW 平-仰焊的典型接头轮廓为"倒拱桥"形，如后续不采取填丝等其他措施，显然不能满足常规使用要求。CC-DSTW 横焊时熔池金属侧流严重，易出现焊偏、焊瘤、凹槽等成形问题，焊缝一致性差。相比之下，CC-DSTW 立焊更容易获得良好的焊缝成形。

结合试验结果分析认为，CC-DSTW 立焊比平-仰焊和横焊更易获得优质的焊缝成形，其根本在于重力的影响。与常规单面 TIG 焊相比，CC-DSTW 的熔池质量更大，因此重力在熔池受力中所占比重较大，为 CC-DSTW 熔池流动的主要驱动力。在三种焊接位置状态下，重力均为熔池成形的破坏力。CC-DSTW 平-仰焊和横焊时，重力方向与焊接方向垂直，重力对熔池成形的负面影响更大，致

124

使成形难度加大；而立焊时重力方向与焊接方向相反，重力对熔池成形的负面影响相对较小，更易获得优质接头。因此，控制熔池流动行为的关键在于改变当前力的大小/方向或施加新外力以抵消重力作用，重建熔池动态力学平衡。

5.2 CC-DSTW 电弧力变化规律

5.2.1 CC-DSTW 电弧力特征

在 CC-DSTW 过程中，两侧电弧的电弧力同时作用于工件，将对熔池形态和流动情况产生更大的影响，同时与焊瘤、驼峰等工艺缺陷的产生有密不可分的关系。因此，计算 CC-DSTW 的电弧力，分析其动态变化特征，有助于从原理上理解熔池形态的变化规律，对成形控制和缺陷防治有积极意义。

电弧力 F 主要包含电磁收缩力 F_e 和等离子流力 F_p。其中，电磁收缩力 F_e 可用下式描述：

$$F_e = \frac{\mu I^2 \ln(R_d/R_u)}{4\pi} \tag{5-11}$$

式中　μ——介质的磁导率；

　　I——焊接电流；

　　R_u——锥形电弧的上底面半径；

　　R_d——锥形电弧的下底面半径。

等离子流速 v_p 在电弧径向呈高斯分布（图 5-14），故等离子流力也遵循同样规律，可描述为

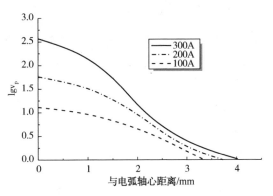

图 5-14　等离子流速分布

$$F_p = \int_0^\pi \int_{-R_b}^{R_b} \frac{1}{2\pi} F_{pa} \mathrm{d}r \mathrm{d}\theta = \frac{\pi \cdot a^2 F_{max}}{2R^2} \int_0^{R_b} \frac{r^3}{1 - \mathrm{e}^{-ar}(1 + ar)} \mathrm{e}^{-ar} \mathrm{d}r \tag{5-12}$$

式中　F_p——等离子流力；

F_{pa}——平均等离子流力；

F_{max}——轴向电弧压力；

r——径向坐标；

a——等离子体分布参数。

然而，与等离子弧焊、激光焊等方法相比，TIG 电弧自身能量密度较低，易形成浅而宽的接头形貌，即使采用 CC-DSTW，接头也是深而宽的形貌，较难形成高能束焊接的指状熔深(图 5-15)，因此认为等离子流力在电弧力中的占比较小，为了简化问题难度，近似认为电弧力即电磁收缩力。

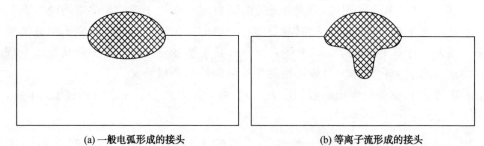

(a) 一般电弧形成的接头　　　　　　　　(b) 等离子流形成的接头

图 5-15　两种电弧的接头形貌对比

因此得出电弧力 F 的表达式为

$$F = \frac{\mu I^2 \ln(R_d/R_u)}{4\pi} \tag{5-13}$$

根据式(5-13)，电弧力主要决定于电流与电弧形态，电弧空间的磁导率 $\mu = 4\pi \times 10^{-7} H/m$，在给定电流的前提下，根据电弧图像即可计算得到电弧力。

5.2.2　铝合金 CC-DSTW 电弧力变化

对不同时刻的电弧图像进行图像增强、平滑、二值化和边缘提取，结果如图 5-16 所示，测量锥形电弧的上下底面的半径，计算电弧力。图 5-17 显示了铝合金 CC-DSTW 的电弧力变化。可以看到，电流恒定的情况下，电弧力仍有不小的波动，A 侧电弧力的极差为 $0.45 \times 10^{-3} N$，B 侧为 $0.46 \times 10^{-3} N$。铝合金焊接采用的是方波交流焊，电流会产生周期性的换向(经过"零点")，使电弧形态发生扰动，导致电弧力的变化。

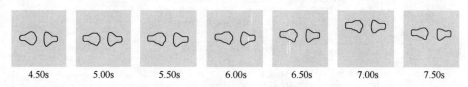

4.50s　　　5.00s　　　5.50s　　　6.00s　　　6.50s　　　7.00s　　　7.50s

图 5-16　铝合金 CC-DSTW 电弧轮廓

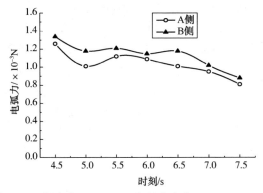

图 5-17　铝合金 CC-DSTW 电弧力变化($I_A = I_B = 115A$)

5.2.3　高氮钢 CC-DSTW 电弧力变化

采用与铝合金电弧图像相同的图像处理方法，获得高氮钢 CC-DSTW 的电弧边缘轮廓，如图 5-18 所示，测量电弧尺寸后计算电弧力。图 5-19 显示了高氮钢焊接时的电弧力变化。由图可得，A 侧电弧力极差为 0.41×10^{-3}N，B 侧为 0.32×10^{-3}N，高氮钢焊接电流略大于铝合金焊接，但电弧力的波动却小于铝合金焊接，主要原因是高氮钢焊接采用恒流的方式，恒流焊接过程本身更加稳定。

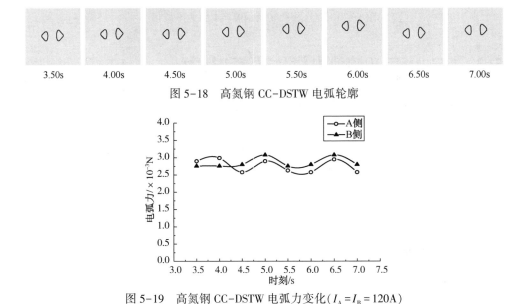

3.50s	4.00s	4.50s	5.00s	5.50s	6.00s	6.50s	7.00s

图 5-18　高氮钢 CC-DSTW 电弧轮廓

图 5-19　高氮钢 CC-DSTW 电弧力变化($I_A = I_B = 120A$)

5.2.4　铝合金与高氮钢 CC-DSTW 电弧力对比

图 5-20 对比了铝合金和高氮钢 CC-DSTW 的电弧力平均值，发现电流相当

的情况下，铝合金焊接的电弧力还不足高氮钢的40%，这是由二者电弧的形态决定的，根据第2章分析可知，铝合金电弧呈"钟罩"形，电弧端部和根部尺寸相差无几，而高氮钢电弧则呈"折扇"形，电弧端部与根部尺寸差距较大。根据式(5-13)，当其他参数确定时，"折扇"形电弧的电弧力大于"钟罩"形，所以高氮钢电弧的电弧力较大。电弧力大，液态金属向熔池尾部流动的速度加快，电弧将更好的加热熔池前端"裸露"的金属表面，有助于增大焊接熔深。虽然焊接熔深的大小主要受材料的物理性质(熔点、比热容、导热系数等)影响，但电弧力也是不可忽视的影响因素之一，尤其是在CC-DSTW过程中，两侧电弧力共同作用于熔池，因此高氮钢的电弧力较大也是同等条件下其熔深大于铝合金的原因之一。

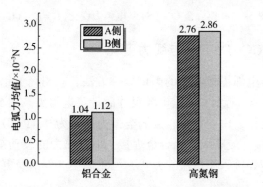

图5-20 铝合金和高氮钢焊接电弧力平均值

5.3 CC-DSTW 熔池内部金属流动行为

研究熔池的流动规律，有助于深入理解焊缝成形原理，而熔池流动很大程度上受到熔池内部热量传输模式的影响。熔池内部的传热模式主要包含传导和对流两种，Pe 数可用以表征两种传热模式的作用比重。若 $Pe \gg 1$，说明对流传热占主导地位，$Pe \ll 1$，说明传导传热占主导地位。Pe 数计算公式如下：

$$Pe = \frac{u\rho cL}{k} \tag{5-14}$$

式中 u——熔池流动速度；

ρ——金属的密度；

c——比热容；

L——熔池特征长度，取 1/2 熔宽，

k——为导热系数。

计算所需的参数见表 5-1，通过计算，铝合金的 Pe 为 15.6，高氮钢则为 49.9。可见，高氮钢和铝合金熔池的 Pe 均远大于1，表明对流为熔池传热的主要

形式。另外，高氮钢的 Pe 大于铝合金，说明高氮钢熔池中的热对流作用所占比重大于铝合金，铝合金由于导热系数较大，热传导作用更为显著。

表 5-1　Pe 计算所需参数

材　　料	$u/(m/s)$	$\rho/(kg/m^3)$	$c/[J/(kg \cdot K)]$	L/m	$k/[W/(m \cdot K)]$
铝合金	0.13[112]	2670	900	0.006	120
高氮钢	0.10[3]	7980	500	0.0025	20

有研究表明，采用氩气保护时，熔池内部对流的主要驱动力为电弧力和表面张力。而根据第 5.1.4 节分析，在 CC-DSTW 立焊过程中，重力对熔池流动的影响很大。熔池金属由于重力的作用向下流动，同时电弧力在前端对熔池产生"挤压"作用，加速这一进程。工件未熔透时，两侧熔池的对流方向如图 5-21(b) 所示，熔池表面以下浅层的液体向下流动，在表面张力的作用下维持熔池形状，深层的液体有少量向上回流。由于重力的作用，因此立焊时熔池金属以方向向下的流动为主。工件完全熔透时，形成统一熔池，在原有的环流之外，一部分金属在电弧力作用下越过中心区流往对侧[图 5-21(c)]。

方便表述起见，将液态金属由头部向尾部的流动称为正流动，而从熔池尾部

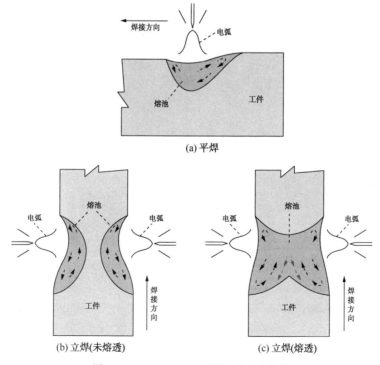

(a) 平焊

(b) 立焊(未熔透)　　　　(c) 立焊(熔透)

图 5-21　CC-DSTW 立焊熔池流动行为

流向头部则称为回流。平焊时，熔池在重力的驱动下不断回流，导致电弧下方的凹陷减弱，电弧与母材之间存在很厚的液态金属缓冲层，阻碍了电弧与未熔金属的直接接触[图 5-21(a)]，导致熔化效率降低。而在立焊时，由于重力的作用，加速了熔池的正流动，熔池的回流减弱，致使电弧更为直接的加热未熔金属，这是 CC-DSTW 立焊提高熔深的重要原因。

根据前文分析，表面张力对熔池流动有一定的阻碍作用。铝合金的表面张力较小，阻碍作用较弱，因此熔池正流动比较充分，不易形成金属堆积区，失控风险较大，但由于铝合金的导热系数大，熔池即刻凝固，反而不易失控。而高氮钢表面张力较大，熔池的正流动较弱，然而由于导热系数较小，使得熔池存在时间增长，熔池质量不断增加，又推动了熔池正流动，最终在熔池尾部形成金属堆积区。因此，高氮钢的熔池体积实际比铝合金更大，更容易发生失稳。

6 CC-DSTW接头质量评定

前面的章节主要从工艺特性、熔透机制、受力状态、热量传输等角度对 CC-DSTW 进行了阐述。焊接接头的微观组织和力学性能是焊接质量的终极评判标准，本章主要介绍 CC-DSTW 接头的微观组织和力学性能表征、测试与分析。

6.1 铝合金 CC-DSTW 立焊接头性能

6.1.1 铝–镁合金相图

相图是材料平衡状态组织分析的重要依据。如图 6-1 所示为铝–镁二元合金平衡相图，可见，铝镁合金凝固过程中可能生成的相主要有 $\alpha(Al)$、$\beta(Al_3Mg_2)$、$\gamma(Al_{12}Mg_{17})$。根据所用的 5083 铝合金的 Mg 含量(4.0%~4.9%)，高温凝固过程中会发生共晶反应：

$$L \longrightarrow \alpha(Al) + \beta(Al_3Mg_2) \tag{6-1}$$

所以 $\beta(Al_3Mg_2)$ 是铝镁合金凝固组织中的重要组成相。由于铝镁合金中还存在 Si、Mn 和 Fe 等多种元素，且焊接过程为非平衡凝固，根据铝合金焊接金相组织图谱，其凝固组织中还可能存在 Mg_2Si、Al_6Mn 和 $Al_6(FeMn)$ 等二元或三元合金相。

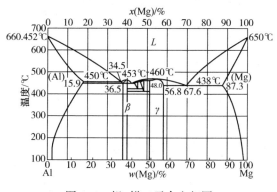

图 6-1　铝–镁二元合金相图

6.1.2 微观组织

5083 防锈铝为不可热处理强化铝合金，供货状态为 H112 轧制态。观察图 6-2 可以发现，铝合金母材组织呈明显的条带状，这是晶粒沿轧制方向被拉伸产生的纤维织构。参照铝镁合金的金相组织图谱可知，母材组织为 α-Al 固溶体析出少量 Mg_2Si 相。由于焊接热循环的作用，热影响区发生静态回复与再结晶，条带状纤维组织逐渐消失，形成再结晶晶粒。参考铝-镁二元合金相图和金相图谱，分析可知，热影响区组织为 α-Al 基体上分布少量 β 相(Al_3Mg_2)质点，同时 Mg_2Si 相开始增多。熔合区内形变强化的组织特征已完全消失，开始析出灰色的 Al_6Mn 相和 $Al_6(FeMn)$ 三元相，同时 Mg_2Si 相长大，并出现了少量复熔组织。焊缝组织主要为 α 基体上弥散分布 β 相(Al_3Mg_2)，析出较多骨骼状的黑色 Mg_2Si 相。与母材相比，铝合金 CC-DSTW 的焊缝组织更加均匀细小。

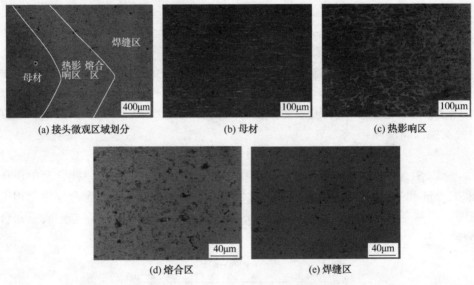

(a) 接头微观区域划分　　　　(b) 母材　　　　(c) 热影响区

(d) 熔合区　　　　(e) 焊缝区

图 6-2　铝合金 CC-DSTW 接头微观组织

6.1.3 焊缝成分

为检测焊缝黑色凹陷处有无析出相[图 6-3(a)]，对其进行 EDS 点扫描，结果如图 6-3(b)所示，发现该区域只包含 Al、Mg 两种元素，Al 的原子数百分比为 94.51%，Mg 为 5.49%，与母材基体[图 6-5(a)、图 6-5(b)]中 Al 和 Mg 元素的含量一致，表明该处并未形成铝镁二元相，为铝镁合金基体。如图 6-3(c)所示为铝镁合金焊缝中的白色析出相，检测发现 Al 的原子数百分比为 77.05%，Fe 的含量为 11.94%，Mn 含量为 6.43%，经对比相图及查阅金相图谱，白色相

的主要成分可能为 $Al_6(FeMn)$ 和 Al_6Mn。图 6-4(b) 和图 6-5(d) 分别为热影响区和母材的白色相 EDS 检测结果，元素含量均与焊缝区白色相几乎相同，因此同样为 $Al_6(FeMn)$ 和 Al_6Mn。

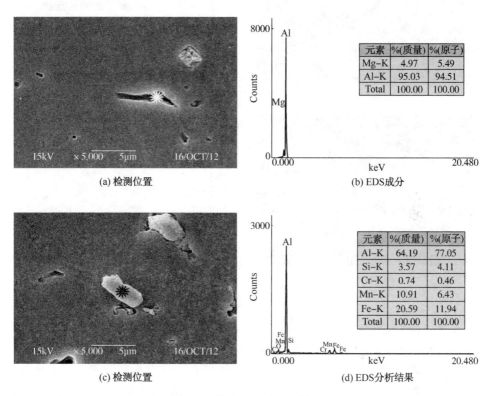

(a) 检测位置   (b) EDS成分

元素	%(质量)	%(原子)
Mg-K	4.97	5.49
Al-K	95.03	94.51
Total	100.00	100.00

(c) 检测位置   (d) EDS分析结果

元素	%(质量)	%(原子)
Al-K	64.19	77.05
Si-K	3.57	4.11
Cr-K	0.74	0.46
Mn-K	10.91	6.43
Fe-K	20.59	11.94
Total	100.00	100.00

图 6-3　焊缝区能谱分析结果

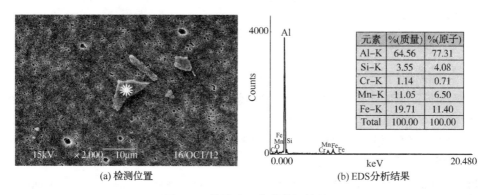

(a) 检测位置   (b) EDS分析结果

元素	%(质量)	%(原子)
Al-K	64.56	77.31
Si-K	3.55	4.08
Cr-K	1.14	0.71
Mn-K	11.05	6.50
Fe-K	19.71	11.40
Total	100.00	100.00

图 6-4　热影响区能谱分析结果

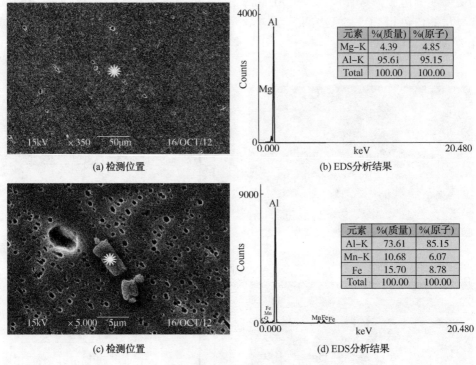

元素	%(质量)	%(原子)
Mg-K	4.39	4.85
Al-K	95.61	95.15
Total	100.00	100.00

(a) 检测位置　　　　　(b) EDS分析结果

元素	%(质量)	%(原子)
Al-K	73.61	85.15
Mn-K	10.68	6.07
Fe	15.70	8.78
Total	100.00	100.00

(c) 检测位置　　　　　(d) EDS分析结果

图 6-5　母材能谱分析结果

图 6-6(a)为典型接头从热影响区到焊缝区的 EDS 线扫描结果。由图可以得出，Al、Mg、Si、Mn、Fe 元素含量均未发生明显变化，原因是自熔焊导致。图 6-6(b)为焊缝区中心位置(板厚方向)线扫描结果，可以看到元素含量变化也不大，说明 CC-DSTW 基本不会造成元素烧损，而激光、电子束等高能束流焊过程则容易造成合金元素的烧损，在铝合金中尤其容易产生 Mg 的烧损，造成接头强度的降低。图 6-6(c)为焊缝区的 EDS 面扫描结果。Al、Mg、Si、Mn、Fe 元素分布都比较均匀，未产生元素偏析。

6.1.4　力学性能

（1）拉伸性能

对不同能量配比 ε 获得的 CC-DSTW 立焊接头进行拉伸性能测试。抗拉强度和断后伸长率如图 6-7 所示。$\varepsilon = 1$（$I_A = I_B = 160A$）时接头抗拉强度最大，为 291.9MPa，达母材强度的 96.2%，而 $\varepsilon = 3$（$I_A = 240A$，$I_B = 80A$）时抗拉强度和断后伸长率相对较低，分别为 282.2MPa 和 18.7%，抗拉强度为母材的 93.0%。综上，随着能量配比的增大，接头抗拉强度逐渐减小，即两侧热输入越接近，接头强度越大。CC-DSTW 的接头强度与搅拌摩擦焊、激光-TIG 复合焊接头强度相当。

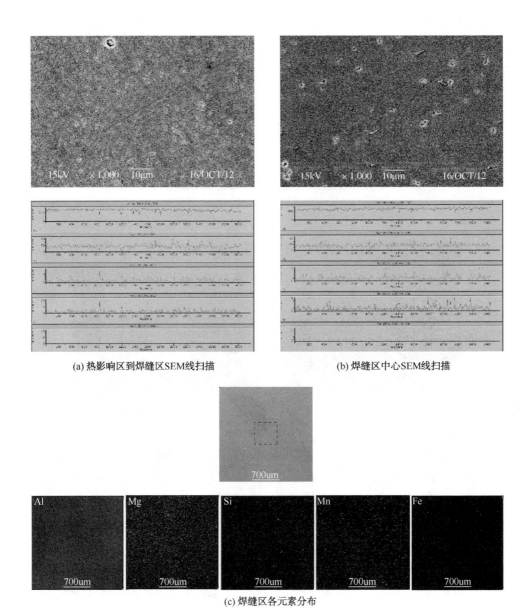

(a) 热影响区到焊缝区SEM线扫描　　　　　　(b) 焊缝区中心SEM线扫描

(c) 焊缝区各元素分布

图 6-6　接头的 EDS 线扫描与面扫描结果

　　图 6-8 为拉伸断口宏观形貌，接头断裂位置为焊缝中心。从断裂面取向来看，接头属于正断，断面较为粗糙，而母材断面与最大正应力方向成 45°角，为切断，断面比较光滑。图 6-9 为焊接接头和母材断口的扫描电镜照片，焊接接头和母材的断口均出现大量密集分布的韧窝，说明塑性良好，断裂形式均为韧性断裂。

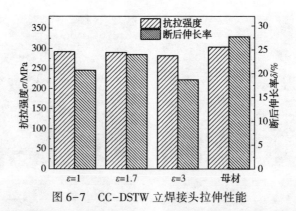

图 6-7　CC-DSTW 立焊接头拉伸性能

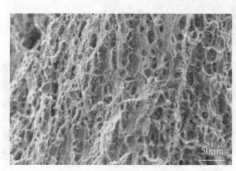

(a) 接头断面宏观形貌

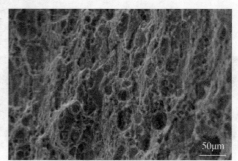

(b) 母材断面宏观形貌

图 6-8　拉伸断面宏观形貌

(a) 母材断口

(b) 焊缝断口

图 6-9　拉伸断口 SEM 分析

（2）显微硬度

为了测试变形铝合金的焊后软化倾向，对接头的显微硬度进行检测，测试位置如图 6-10 所示，取点间隔 0.3mm，载荷为 0.1kgf，硬度分布见图 6-11。由图 6-11（a）和图 6-11（b）可以看出，接头焊缝区和热影响区平均硬度均低于母材，但焊缝区硬度下降幅度不大，而热影响区（$x=5.4$mm）硬度出现大幅下降，接头 A 侧和中心横向硬度均降至最低值，分别为 54.2HV 和 52.4HV。

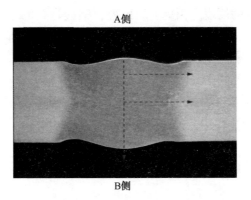

A侧

B侧

图 6-10　硬度测试方向与位置

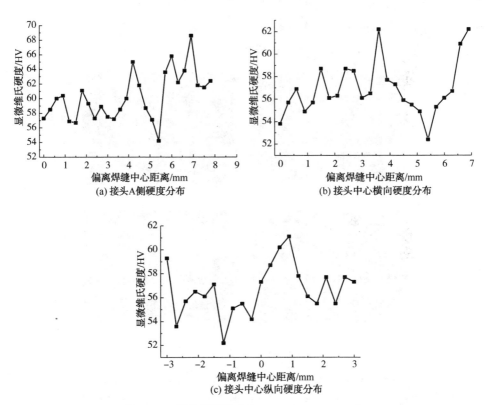

(a) 接头A侧硬度分布

(b) 接头中心横向硬度分布

(c) 接头中心纵向硬度分布

图 6-11　接头硬度分布（$I_A = 180A$，$I_B = 140A$）

　　焊接接头的硬度降低与焊接导致合金的加工硬化效果消失有直接关系。焊缝区是由母材熔化后重新结晶形成，失去了形变强化效果，硬度下降；但焊缝区组织分布均匀，晶粒细小，又有助于性能提高。两种效应的共同作用导致焊缝硬度总体下降不多。热影响区晶粒受焊接热循环影响发生粗化，性能下降，同时形变强化金属受热发生静态回复与再结晶，变形强化效果减弱或消失，也会导致硬度

137

降低，所以热影响区的硬度降幅更大。此外，铝镁合金的性能变化还与 Mg 的固溶强化作用息息相关，但根据上文的接头成分分析结果可知，CC-DSTW 不会造成明显的 Mg 元素的蒸发或烧损，因此认为其对接头性能变化的影响不大。

从图 6-11（c）可以发现，曲线右侧平均硬度高于左侧，硬度最低值（52.2HV）出现在曲线左侧 1.2mm 处，原因是此焊缝的参数是 A 侧电流 180A，B 侧 140A，A 侧热输入大于 B 侧，晶粒相对粗大，平均硬度偏低。

6.2 铝合金 CC-DSTW 平-仰焊接头力学性能

6.2.1 拉伸性能

为了规避 CC-DSTW 平-仰焊焊缝平焊侧凹陷对拉伸性能的不良影响，对平焊侧进行填充焊后再行拉伸。不同填丝速度获得的拉伸试样如图 6-12 所示。

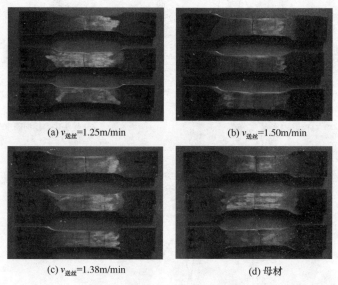

(a) $v_{送丝}$=1.25m/min   (b) $v_{送丝}$=1.50m/min

(c) $v_{送丝}$=1.38m/min   (d) 母材

图 6-12　拉伸断裂后试样形貌

图 6-13 显示了 CC-DSTW 平-仰焊接头的拉伸强度和断后伸长率。焊缝的抗拉强度基本不受送丝速度的影响，稳定在 275MPa 左右，而母材的抗拉强度为 303.4MPa，焊缝最大抗拉强度达到母材的 90.7%。焊缝断后伸长率均值为 14.7%，只达到母材的 53.1%。

焊接接头的断裂位置均位于焊缝区或热影响区，断后伸长率大幅降低，说明焊后金属的脆性增大。分析认为，5083 属于非热处理强化铝合金，主要采用加工硬化的方式强化，焊接会导致热影响区的强化效果部分消失，致使其力学性能降低，同时焊缝易产生共晶组织，导致接头产生脆性。另外，平焊侧填充焊也导

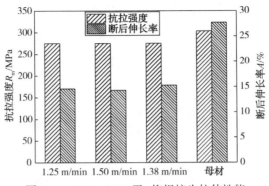

图 6-13 CC-DSTW 平-仰焊接头拉伸性能

致焊缝再次受到焊接热循环的作用，材料的加工硬化效果进一步损失，同时晶粒变得粗大，致使接头韧性进一步降低。

6.2.2 显微硬度

按图 6-14 标注的位置和方向对 CC-DSTW 平-仰焊接头进行显微硬度检测，载荷为 0.1kgf，检测结果如图 6-15。可以看出，硬度最低为 71.0HV，出现在热影响区。相比热影响区，母材与焊缝区硬度均有不同程度的增加，尤其在焊缝区，硬度值随着测试位置逐渐远离热影响区而局部递增，硬度峰值达到 79.5HV。硬度呈现如此波动的原因与前文相同，热影响区冷作硬化作用消失而发生软化，而焊缝区可能由于 Mg_2Si 等脆性共晶相的产生致使局部硬度升高。

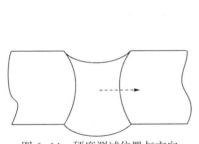

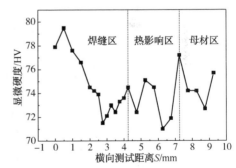

图 6-14　硬度测试位置与方向　　图 6-15　CC-DSTW 平-仰焊接头显微硬度分布

6.3　高氮钢 CC-DSTW 立焊接头性能

6.3.1　纯氩保护下高氮钢的接头性能

（1）焊缝含氮量

为了检测纯氩保护下高氮钢 CC-DSTW 接头的含氮量变化，制取如图 6-16

所示的检测试样，采用氧氮分析仪进行含氮量分析。

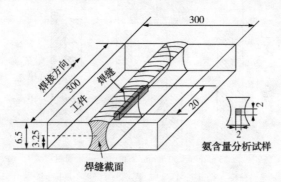

图 6-16　含氮量检测试样

图 6-17 为含氮量检测结果，工艺参数如表 6-1 所示。显然，焊接接头的含氮量均低于母材金属，说明焊接的确会导致高氮钢含氮量损失，进而可能导致强度和韧性损失。从图 6-17 还可发现，焊接速度对接头含氮量的影响很小。

表 6-1　纯氩保护脉冲 CC-DSTW 工艺参数

编号	基值电流/ A	脉冲电流/ A	频率/ Hz	占空比/ %	焊接速度/ （cm/min）	弧长/ mm	气体流量/ （L/min）
1#	75	135	5	50	15	3	15
2#	75	135	5	50	12	3	15

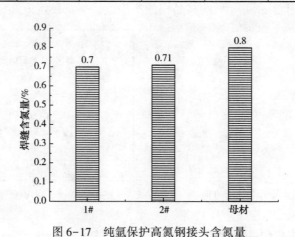

图 6-17　纯氩保护高氮钢接头含氮量

（2）微观组织

图 6-18 显示了纯氩保护下高氮钢焊接接头的微观组织。由图 6-18（a）可以看出，未熔透的 CC-DSTW 接头热影响区的宽度变化较大，最宽处达到了 1028μm，最窄处只有 64μm，两侧焊缝底部均为热影响区最宽的区域，表明受到对侧电弧热量的影响，两侧热影响区开始相互靠拢，焊缝区域出现明显的垂直于

140

熔合线生长的奥氏体柱状晶。图 6-18(b)显示了完全熔透的高氮钢接头，交汇熔合区(两侧焊缝交汇区域)的柱状晶显然不如两侧焊缝区发达，原因分析有二，一是交汇区虽然同时受到两侧热源的作用，然而与两侧电弧距离终归较远，温度相对较低(可由前文温度场数值模拟结果验证)，因此柱状晶生长速度较慢；二是交汇区宽度方向尺寸较小，两侧晶粒长大到一定程度后相互碰触，阻碍了柱状晶的进一步长大。

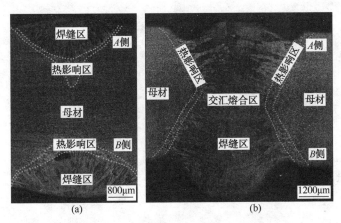

图 6-18　纯氩保护下高氮钢接头宏观形貌

如图 6-19 所示为纯氩保护下高氮钢热影响区与焊缝区的微观组织，热影响区和焊缝区分别由奥氏体等轴晶与柱状晶构成。其中图 6-19(a)、图 6-19(c)与图 6-19(b)、图 6-19(d)参数分别为表 6-1 参数 1#和参数 2#，参数 2#热输入大于参数 1#。经测量，热输入较大的接头焊缝区柱状晶宽度为 360μm，热影响区平均晶粒尺寸为 26μm，而热输入较小的接头焊缝区柱状晶宽度为 122μm，热影响区平均晶粒尺寸为 8μm。大热输入接头的晶粒尺寸远大于小热输入的接头，表明晶粒尺寸随着热输入的增加而显著增长。

(3) 拉伸性能

对纯氩保护的高氮钢接头进行拉伸性能测试，结果如图 6-20 所示。焊速为 15cm/min 时(表 6-1 参数 1#)，接头抗拉强度为 845MPa，达到母材的 80.5%，断后伸长率为 8.1%，达到母材的 18.9%；而焊速为 12cm/min 时(表 6-1 参数 2#)，接头的抗拉强度为 860MPa，断后伸长率为 3.8%，分别达到母材的 81.9%和 8.9%。接头的抗拉强度和断后伸长率均产生不同程度的下降，这与焊接热循环以及焊缝氮流失有关。

拉伸断口的 SEM 照片如图 6-21 所示，发现焊速为 15cm/min 的焊接接头与母材的断口中只存在包裹第二相粒子的韧窝，而焊速为 12cm/min 的接头中还出现了撕裂棱、解理刻面和不均匀的孔隙。根据失效分析相关理论，认为焊速 15cm/min 的接头与母材为韧性断裂，而焊速 12cm/min 的接头为准解理断裂，既有韧性断裂的特征，又有脆性断裂的特征，属于混合断裂形式，表明焊接热输入会对接头的断裂形式产生一定的影响，热输入增大，接头韧性逐渐变差，向着脆性断裂的方向发展。对比图6-21(a)与图6-21(c)可知，母材断口的韧窝尺寸大而深，而接头的小而浅，表明母材的韧性优于接头。

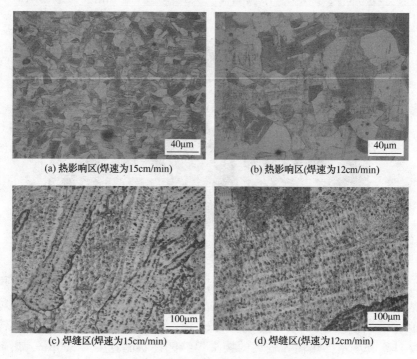

(a) 热影响区(焊速为15cm/min)　　　　(b) 热影响区(焊速为12cm/min)

(c) 焊缝区(焊速为15cm/min)　　　　(d) 焊缝区(焊速为12cm/min)

图6-19　纯氩保护下高氮钢接头微观组织

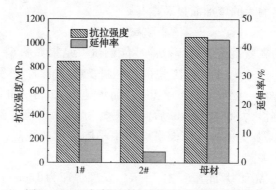

图6-20　纯氩保护高氮钢焊接接头拉伸性能

142

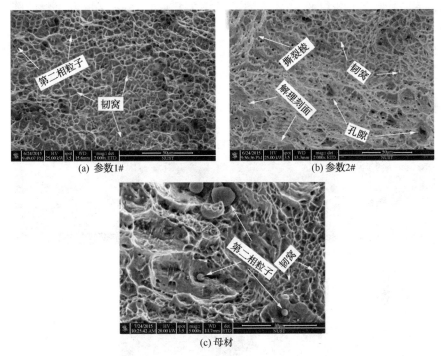

(a) 参数1#　　　　(b) 参数2#

(c) 母材

图6-21　拉伸断口形貌

（4）冲击韧性

纯氩保护下高氮钢焊接接头的冲击吸收功如图6-22所示。可见本试验给定的热输入未能对接头冲击韧性产生较大的影响，但与母材相比，冲击吸收功下降了约50%。原因分析有两点，首先根据含氮量测定结果（图6-17）可知，焊后接头中含氮量有所下降，这必然导致性能的下降；其次，根据前文组织分析，焊接热循环导致晶粒粗大（图6-19），这也加剧了韧性的下降。

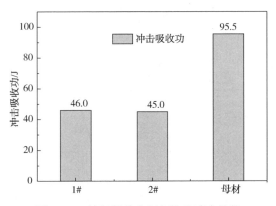

图6-22　纯氩保护高氮钢接头冲击性能

图 6-23 为冲击断口的 SEM 形貌，同样在焊速为 15cm/min 和母材的断口中发现大量的韧窝，显示韧性断裂特征，而焊速为 12cm/min 的图 6-23（b）中则发现多处面积较大的解理刻面，另外还存在多处撕裂棱与浅韧窝，同样认为是准解理断裂，这主要与热输入增大导致组织晶粒粗大有关。

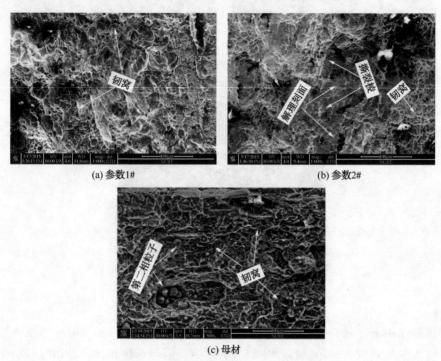

(a) 参数1#　　　　　　　　　　(b) 参数2#

(c) 母材

图 6-23　冲击断口形貌

6.3.2　氮氩混合保护下高氮钢的接头性能

（1）氮气比例对焊缝含氮量的影响

焊接保护气中添加氮气的目的是提高焊缝含氮量，降低接头性能损失。图6-24为焊缝含氮量的检测结果。随氮气比例提高，焊缝含氮量逐渐增大，而后趋于稳定。纯 Ar 保护时焊缝含氮量为 0.75%；保护气中 N_2 比例提升至 10% 时，含氮量为 0.98%；当 N_2 比例提升至 20% 时，含氮量开始趋于稳定；当保护气为纯氮时，焊缝含氮量达到 1.25%。

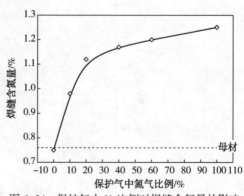

图 6-24　保护气中 N_2 比例对焊缝含氮量的影响

整体来看，保护气中加入氮气后，焊缝含氮量均已高于母材(含氮量 0.76%)。

分析可知，焊缝含氮量取决于电弧作用下氮的行为。根据扩散理论，物质会自发由高浓度区域向低浓度区域扩散。当保护气为纯氩时，熔池中的固溶氮浓度远高于电弧区域，而氮在液态钢中的溶解度较低，因此氮原子会向浓度更低的电弧区过渡，以 N_2 分子形式逸出，导致焊缝的含氮量低于母材[图 6-25(a)]。随着保护气中氮气比例的增加，当氮气比例超过阈值时，会改变氮的流动方向。由图 6-24 可知，在本试验设置的氮气比例下，获得的焊缝的含氮量均高于母材，因此不难推断所有的氮气比例均大于阈值，因此氮元素由电弧氛围流向熔池[图 6-25(b)]。当保护气为纯 N_2 时，氮气比例自然远大于临界值，因此氮的流动方向仍保持不变[图 6-25(c)]。然而，从微观角度来看，氮的流向并不是单一而是双向的，只是不同气体组分下哪一种运动更占主导而已。当熔池中的固溶氮达到饱和时，氮在熔池与电弧之间的熔入与逸出过程达到动态平衡(图 6-26)。

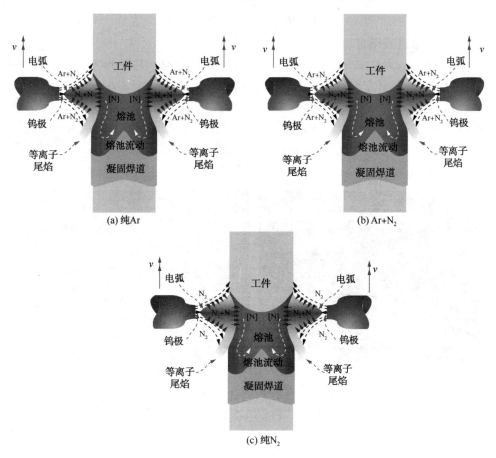

图 6-25　不同的保护气氛围下氮的行为

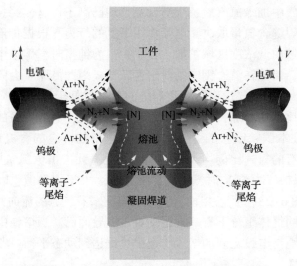

图 6-26　氮在熔池与电弧之间的平衡流动行为

（2）熔合区显微组织

图 6-27（a）为高氮钢焊缝的熔合区组织。由图可见，热影响区（Heat affected zone，HAZ）组织呈方向性纤维状分布，这是轧制过程中金属中的杂质、偏析、化合物晶粒破碎、变形而产生的塑变流线，与轧制方向平行，这在图 6-27（b）的母材组织中也有大量分布。热影响区由带有轧制流线的等轴晶组成，而焊缝区（Weld zone，WZ）主要为柱状晶，柱状晶依附于熔合线（Fusion line，FL）另一侧的热影响区晶粒表面生长，方向垂直于熔合线。

(a) 熔合区　　　　　　　　　　　　　(b) 母材

图 6-27　接头熔合区和母材微观组织

图 6-28 为不同气体保护的焊缝熔合区组织形貌。由图可见，不同保护气的条件下，热影响区的平均晶粒尺寸（~29.3μm）基本相同，原因是每种参数下的热输入（表 2-4）相差不大。然而，热影响区由于受到焊接热循环的影响，晶粒尺寸远大于母材（~8.8μm）。

146

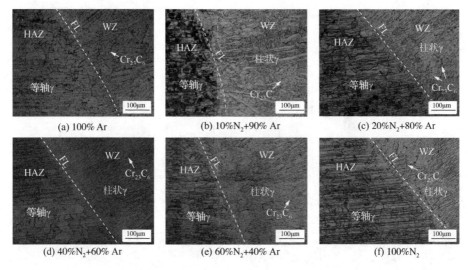

| (a) 100% Ar | (b) 10%N₂+90% Ar | (c) 20%N₂+80% Ar |

(a) 100% Ar　　　　(b) 10%N₂+90% Ar　　　　(c) 20%N₂+80% Ar

(d) 40%N₂+60% Ar　　　　(e) 60%N₂+40% Ar　　　　(f) 100%N₂

图 6-28　不同气体保护下的接头熔合区微观组织

经过 X 射线衍射（X-ray diffraction，XRD）（图 6-29）物相分析，判定焊缝区组织为奥氏体（γ）以及少量的 δ-铁素体和 $Cr_{23}C_6$。通过 F-2A 铁素体检测仪测试焊缝铁素体含量，发现随着保护气中氮气比例的提高，焊缝铁素体含量一直减少（图 6-30）。纯 N_2 保护时，焊缝的铁素体含量降至 0.08%，低于母材铁素体含量（0.17%）的 1/2，这表明氮对稳定奥氏体相有举足轻重的作用。从焊缝区的 SEM 照片（图 6-31）中也可观察到分布于奥氏体晶界的 $Cr_{23}C_6$。由于多余的氮在熔池中形成 N_2，其中一些来不及在熔池凝固之前逸出，在焊缝微观组织照片上可观察到微孔分布。

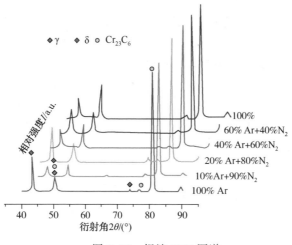

图 6-29　焊缝 XRD 图谱

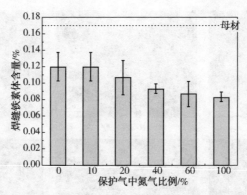

图 6-30　不同保护气成分的焊缝铁素体含量

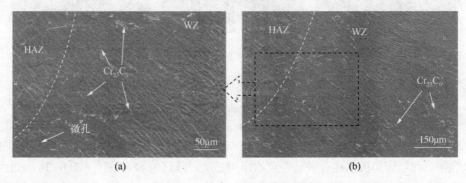

(a)　　　　　　　　　　　　(b)

图 6-31　熔合区 SEM 微观图片

（3）焊缝区枝晶臂间距

图 6-32 为不同保护气组分下获得的焊缝微观组织。可见，焊缝组织主要为奥氏体树枝晶，包括均匀分布的一次枝晶与二次枝晶。对于大多数金属，同次枝晶臂间距小，则组织晶粒细小，表明材料具有良好的性能。分别选取不同位置测量一次与二次枝晶臂间距（图 6-32），计算平均值绘制图 6-33。可以看到，一次和二次枝晶臂均随着保护气中氮气比例的提升表现出增加的趋势。

根据文献，在其他条件一定的情况下，一次枝晶臂间距（Primary dendrite arm spacing，PDAS）与固溶元素含量之间有一定的关系，高氮钢中的固溶元素即氮元素，关系式为

$$PDAS = AC_0^{\frac{1}{4}} \qquad (6-2)$$

式中　A——常数；

　　　C_0——固溶元素含量。

根据式（6-2），一次枝晶臂间距随着焊缝固溶氮含量的提高而增大。由图 6-33 可以看到，焊缝热输入虽差异较小，但总体呈略微上升的态势，这对晶粒的生长也起到一定的促进作用。因此，随着保护气中氮气比例的提升，一次枝晶臂

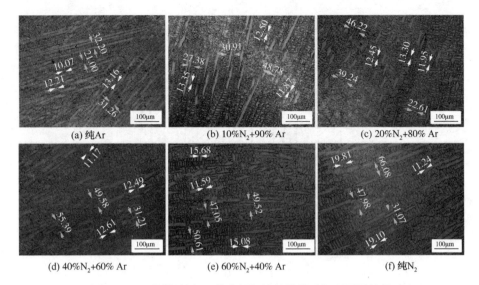

图 6-32　不同保护气组分获得焊缝的枝晶臂间距测量结果

间距增大，与实测的结果相符。

另有研究表明，二次枝晶臂间距（Secondary dendrite arm spacing，SDAS）与凝固时间的关系如下：

$$SDAS = Bt_s^{\frac{1}{3}} \tag{6-3}$$

式中　t_s——凝固时间；

　　　B——常数。

其中

$$t_s = \frac{Q\Delta T}{2\pi k (T_s - T_0)^2} \tag{6-4}$$

式中　Q——焊接热输入；

　　ΔT——液相线温度与第一共晶转变温度的差值；

　　　k——导热系数；

　　　T_s——计算凝固时间时的熔池温度；

　　　T_0——熔池初始温度。

由式(6-4)可知，凝固时间正比于焊接热输入，根据式(6-3)，二次枝晶臂间距随着热输入的增大而增大，从图 6-33 也可看到，二次枝晶臂间距基本上与热输入的变化趋势相一致。

（4）显微硬度

为了研究保护气组分对焊缝力学性能的影响规律，按照图 6-34 所示位置进行显微硬度测试，载荷为 0.3kgf。不同保护气组分获得的焊缝硬度分布如图 6-35(a)所示。由图可知，当保护气中加入氮气后，焊缝区的硬度显著上升，主要

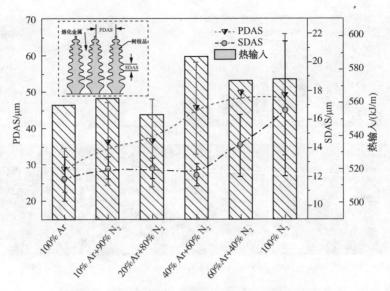

图 6-33　保护气中氮气比例对枝晶臂间距的影响规律

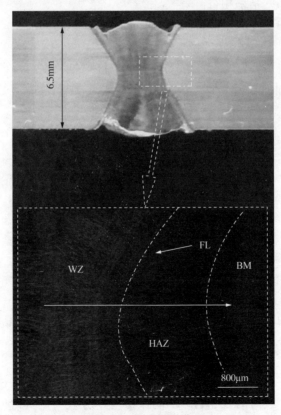

图 6-34　硬度测试位置

原因是氮元素强大的间隙固溶强化作用，而热影响区变化不大，可能原因是热影响区的含氮量基本不随保护气中的氮气比例的变化而变化。另外，值得注意的是，在所有接头中，母材（Base metal，BM）硬度最高，最高达399HV，焊缝次之，热影响区的硬度最低，最低为257HV。

图6-35（b）显示了不同保护气组分下焊缝区的平均硬度。显而易见，保护气中加氮后，焊缝区平均硬度获得了极大的提高（从304.2HV提高至331.9HV）。然而，对比采用氮氩混合气的焊缝硬度，发现变化不大，极差仅为9.0HV，说明氮气比例持续增加对接头硬度的提升不明显。

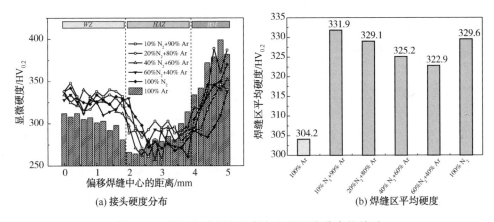

(a) 接头硬度分布　　　　　　　　(b) 焊缝区平均硬度

图6-35　保护气中氮气比例与显微硬度分布的关系

一般来说，组织晶粒粗大对材料性能有不利影响，可以通过霍尔-佩奇关系证明：

$$\sigma_y = \sigma_0 + k_y / \sqrt{d} \tag{6-5}$$

式中　σ_y——屈服强度；

　　　σ_0——阻止位错滑移的摩擦力；

　　　k_y——相邻晶粒位向差对位错运动的影响系数，俗称晶界阻力；

　　　d——晶粒直径。

以下经验公式描述了显微硬度与屈服强度之间的关系：

$$h = C\sigma_y \tag{6-6}$$

式中　h——显微硬度；

　　　C——材料相关的常数。

根据式（6-5）和式（6-6），推导出显微维氏硬度与晶粒尺寸之间的表达式：

$$h = c(\sigma_0 + k_y / \sqrt{d}) \tag{6-7}$$

根据式（6-7），热影响区的硬度大幅降低主要是由该区域晶粒受焊接热循环的影响粗化所致，晶粒大会导致晶界变少，对位错运动的阻碍变小，材料发生形变的阻力相应减小，宏观表现为硬度降低。然而，焊缝区的硬度变化不显著，主要是氮固溶强化和晶粒尺寸两个因素共同作用的结果。由微观组织部分可知，随保护气中氮气比例的提升，焊缝的含氮量与晶粒尺寸同步增大。含氮量增加对接头的性能有利，而晶粒尺寸的增加则有害，因此二者的联合作用致使焊缝区硬度随保护气中氮气比例的变化不明显。

参 考 文 献

［1］KANEMARU S, SASAKI T, SATO T, et al. Study for TIG–MIG hybrid welding process［J］. Welding in the World, 2014, 58(1)：11–18.

［2］陈姬, 宗然, 武传松, 等. TIG-MIG 复合焊电弧间相互作用对焊接过程的影响［J］. 机械工程学报, 2016(06)：59–64.

［3］王新鑫, 樊丁, 黄健康, 等. 双钨极 TIG 电弧–熔池传热与流动数值模拟［J］. 金属学报, 2015(02)：178–190.

［4］WU D, HUA X, YE D, et al. Understanding of the weld pool convection in twin–wire GMAW process［J］. The International Journal of Advanced Manufacturing Technology, 2017, 88(1–4)：219–227.

［5］ZHANG Y M, PAN C, MALE A T. Improved microstructure and properties of 6061 aluminum alloy weldments using a double–sided arc welding process［J］. Metallurgical & Materials Transactions A, 2000, 31(10)：2537–2543.

［6］ZHANG Y M, ZHANG S B. Double–sided arc welding increases weld joint penetration［J］. Welding Journal, 1998, 77(6)：57–61.

［7］LI K H, ZHANG V M. Consumable Double–Electrode GMAW Part II：Monitoring, Modeling, and Control［J］. Welding Journal, 2007, 87(2)：44S–50S.

［8］ZHANG Y M, ZHANG S B, JIANG M. Sensing and Control of Double–Sided Arc Welding Process［J］. Journal of Manufacturing Science and Engineering, 2002, 124(3)：695–701.

［9］ZHANG Y M, PAN C, MALE A T. Welding of austenitic stainless steel using double sided arc welding process［J］. Materials Science and Technology, 2001, 17(10)：1280–1284.

［10］MOULTON J A, WECKMAN D C. Double–sided arc welding of AA5182–O aluminum sheet for tailor welded blank applications［J］. Welding Journal, 2010, 89(1)：11S–23S.

［11］KWON Y, WECKMAN D C. Double sided arc welding of AA5182 aluminium alloy sheet［J］. Science and Technology of Welding and Joining, 2013, 13(6)：485–495.

［12］CHOWDHURY S M, CHEN D L, BHOLE S D, et al. Tensile properties and strain–hardening behavior of double–sided arc welded and friction stir welded AZ31B magnesium alloy［J］. Materials Science and Engineering：A, 2010, 527(12)：2951–2961.

［13］GAO H M, WU L, DONG H G. Current Density Distribution in Gas Tungsten Arc Welding Process［J］. Journal of Shanghai Jiaotong University, 2000(1)：123–127.

［14］GAO H M, WU L, DONG H G. Penetration mechanism of aluminum alloy in double–sided GTAW process［J］. Transactions of Nonferrous Metals Society of China, 2005(S2)：35–38.

［15］GAO H, WU L, DONG H. Current Density Distribution in Double–Sided GTAW Process［J］.

Journal of Materials Science & Technology, 2001, 17(1): 187-188.

[16] 潘春旭, ZHANG Y. M., MALE A. T. 双面电弧焊的凝固组织特征[J]. 金属学报, 2002, 38(4): 427-432.

[17] 孙俊生, 武传松, 董博玲, 等. PAW+TIG 电弧双面焊接小孔形成过程的数值模拟[J]. 金属学报, 2003, 39(1): 79-84.

[18] 孙俊生, 武传松. 等离子与钨极双面电弧焊接热过程的数值模拟[J]. 金属学报, 2003, 39(5): 499-504.

[19] 孙俊生, 武传松, ZHANG Y. M. 双面电弧焊接的传热模型[J]. 物理学报, 2002, 51(2): 286-290.

[20] JUNSHENGSUN, CHUANSONGWU, MINZHANG, et al. Numerical Simulation of Current Density Distribution in Keyhole Double-Sided Arc Welding[J]. Journal of Materials Science & Technology, 2004, 20(2): 228-231.

[21] 董红刚, 高洪明, 吴林, 等. 铝合金交流脉冲双面弧焊工艺研究[J]. 焊接, 2002(12): 24-26.

[22] 董红刚, 吴林, 高洪明. 铝合金交流脉冲双面弧焊工艺试验及特点分析[J]. 焊接学报, 2005, 26(11): 55-58.

[23] 董红刚, 高洪明, 吴林, 等. 不锈钢 PA-GTA 双面弧焊工艺特点分析[J]. 焊接学报, 2006, 27(3): 21-24.

[24] 崔旭明, 李刘合, 张彦华. 单电源双面电弧焊接工艺实验研究[J]. 热加工工艺, 2003(1): 1-2, 5.

[25] 崔旭明, 李刘合, 张彦华. 双面电弧焊接工艺及物理过程分析[J]. 北京航空航天大学学报, 2003, 29(07): 654-658.

[26] 崔旭明, 李刘合, 张彦华. 双面电弧焊接熔透穿透机制[J]. 航空制造技术, 2008(18): 85-89.

[27] 王小荣. 不锈钢单电源双面电弧焊工艺研究[J]. 兰州交通大学学报, 2004, 23(4): 115-117.

[28] 周方明, 于治水, 王宇, 等. TIG-MIG 双面对称焊焊缝成形机理研究[J]. 机械工程学报, 2004, 40(4): 58-61.

[29] 周方明, 于治水, 王宇, 等. 铝合金 MIG-TIG 双面双弧焊接技术[J]. 造船技术, 2003(5): 22-25.

[30] GAO H M, YAN B, YANG T D. Double-sided gas tungsten arc welding process on TC4 titanium alloy[J]. Transactions of Nonferrous Metals Society of China, 2005, 15(5): 1081-1084.

[31] ZHANG H J, ZHANG G J, WU L. Effects of arc distance on angular distortion by asymmetrical double sided arc welding[J]. Science & Technology of Welding & Joining, 2007, 12(6): 564-571.

［32］ ZHANG H J, ZHANG G J, CAI C B, et al. The Realization of Low Stress and Nonangular Distortion by Double-Sided Double Arc Welding［J］. Journal of Manufacturing Science and Engineering, 2009, 131(2)：267-272.

［33］ 吴松林, 霍光瑞, 王任甫. 双面双弧焊接温度场的数值模拟分析［J］. 热加工工艺, 2008, 37(5)：90-92.

［34］ 郭小辉, 刘志颖, 何刚, 等. 5083 铝合金的双枪双面 TIG 焊工艺和接头性能研究［J］. 材料开发与应用, 2009, 24(5)：29-31.

［35］ 侯瑶. 高氮奥氏体不锈钢双机器人协同双面双弧 TIG 焊接工艺的技术研究［D］. 南京理工大学材料工程, 2016.

［36］ 田盛, 陆皓, 徐济进. Q235 薄板对接焊变形控制技术研究［J］. 热加工工艺, 2013, 42(17)：186-188, 191.

［37］ 田盛. 薄板焊接变形控制技术的研究［D］. 上海交通大学, 2013.

［38］ ZHANG Y, HUANG J, CHENG Z, et al. Study on MIG-TIG double-sided arc welding-brazing of aluminum and stainless steel［J］. Materials Letters, 2016, 172：146-148.

［39］ YE Z, HUANG J, CHENG Z, et al. Combined effects of MIG and TIG arcs on weld appearance and interface properties in Al/steel double-sided butt welding-brazing［J］. Journal of Materials Processing Technology, 2017, 250：25-34.

［40］ VS V, M N, VM J V. Numerical Analysis of Effect of Process Parameters on Residual Stress in a Double Side TIG Welded Low Carbon Steel Plate［J］. IOSR Journal of Mechanical and Civil Engineering, 2014：65-68.

［41］ 苗玉刚, 李俐群, 陈彦宾, 等. 铝合金激光-电弧双面焊接头特征分析［J］. 焊接学报, 2007, 28(12)：85-88.

［42］ CHEN Y, MIAO Y, LI L, et al. Joint performance of laser-TIG double-side welded 5A06 aluminum alloy［J］. Transactions of Nonferrous Metals Society of China, 2009, 19(1)：26-31.

［43］ 陈彦宾, 苗玉刚, 李俐群, 等. 铝合金激光-钨极氩弧双面焊的焊接特性［J］. 中国激光, 2007, 34(12)：1716-1720.

［44］ CHEN Y B, MIAO Y G, LI L Q, et al. Arc characteristics of laser-TIG double-side welding［J］. Science and Technology of Welding and Joining, 2013, 13(5)：438-444.

［45］ 赵耀邦. 激光-TIG 电弧双侧作用下电弧行为研究［D］. 哈尔滨工业大学材料加工工程, 2012.

［46］ ZHAO Y B, LEI Z L, CHEN Y B, et al. A comparative study of laser-arc double-sided welding and double-sided arc welding of 6mm 5A06 aluminium alloy［J］. Materials & Design, 2011, 32(4)：2165-2171.

［47］ 赵耀邦, 雷正龙, 苗玉刚, 等. 铝合金激光-电弧双面焊接特性［J］. 中国激光, 2011,

38(06)：117-123.

[48] 赵耀邦，雷正龙，李俐群，等. 铝合金激光-电弧双面焊接激光稳定、压缩电弧的机制分析[J]. 机械工程学报，2013，49(4)：51-57.

[49] 张华军，张广军，王俊恒，等. 低合金高强钢双面双弧焊热循环对组织性能的影响[J]. 焊接学报，2007，28(10)：81-84.

[50] 张华军. 大厚板高强钢双面双弧焊新工艺及机器人自动化焊接技术[D]. 哈尔滨工业大学材料加工工程，2009.

[51] ZHANG H J, ZHANG G J, CAI C B, et al. Numerical simulation of three-dimension stress field in double-sided double arc multipass welding process[J]. Materials Science and Engineering：A, 2009, 499(1-2)：309-314.

[52] ZHANG H J, CAI C B, YU Z S, et al. Control of root pass stress by two-sided arc welding for thick plate of high strength steel：International Conference on Physical and Numerical Simulation of Materials Processing[C]，2013.

[53] 赵琳琳. 低合金高强钢厚板双面双弧焊应力变形的数值模拟[D]. 哈尔滨工业大学材料加工工程，2008.

[54] 刘树义. 低合金高强钢厚板双面双弧横焊工艺研究[D]. 哈尔滨工业大学材料工程，2011.

[55] 刘殿宝，张广军，吴林. 大厚板双面双 TIG 电弧打底焊熔池成形特性[J]. 焊接学报，2012，33(3)：37-40.

[56] 刘殿宝，李福泉，谭财旺，等. EH36 钢厚板双面双弧打底焊焊缝组织及性能[J]. 焊接学报，2011，32(1)：81-84.

[57] 易晓丹. 高强钢厚板双面双弧平仰焊缝成形与组织热模拟研究[D]. 哈尔滨工业大学材料加工工程，2013.

[58] 杨东青. 高强钢厚板双面双 TIG 打底焊缝成形影响因素研究[D]. 哈尔滨工业大学材料加工工程，2013.

[59] 杨东青，李大用，张广军. 厚板双 TIG 打底焊缝根部熔合的数值模拟[J]. 焊接学报，2015，36(4)：13-16.

[60] 杨东青，李大用，张广军. 坡口预留间隙对高强度钢厚板打底焊缝成形的影响[J]. 焊接学报，2015，36(11)：57-60.

[61] XIONG J, LIU S, ZHANG G. Thermal cycle and microstructure of backing weld in double-sided TIG arc horizontal welding of high-strength steel thick plate[J]. The International Journal of Advanced Manufacturing Technology, 2015, 81(9)：1939-1947.

[62] FENG Y, CHEN J, QIANG W, et al. Microstructure and mechanical properties of aluminium alloy 7A52 thick plates welded by robotic double-sided coaxial GTAW process[J]. Materials

Science and Engineering：A，2016，673：8-15.

［63］陈家河. 高强铝合金机器人双面双弧自动焊接工艺研究［D］. 南京理工大学，2015.

［64］刘露，王加友，李大用，等. 10Ni5CrMoV 钢错位同步双面双弧焊接接头抗低温脆断性能
［J］. 焊接学报，2016，37（8）：109-113.

［65］彭康. 10CrNi3MoV 钢双面双弧焊接头组织与性能研究［D］. 哈尔滨工业大学，2018.

［66］彭康，杨春利，林三宝，等. 10CrNi3MoV 钢双面双弧焊接头组织与性能研究［J］. 焊接，
2016（1）：11-15.

［67］李宇昕. 中厚板 Al-Mg 铝合金双机器人双面双弧焊接工艺研究［D］. 南京理工大
学，2017.

［68］张华军，张广军，高洪明，等. 厚板双面双弧焊机器人任务规划及仿真［J］. 上海交通大
学学报，2008（S1）：13-16.

［69］肖珺. 厚板双机器人焊接系统协调控制与离线编程研究［D］. 2009.

［70］肖珺，何京文，张广军，等. 不同型号双焊接机器人协调控制［J］. 上海交通大学学报，
2010（S1）：110-113.

［71］檀财旺. EH36 钢厚板双面双弧立焊焊接特性研究［D］. 哈尔滨工业大学材料加工工
程，2009.

［72］杨乘东，陈玉喜，陈泽斌，等. 海洋钻井平台高强钢桩腿齿条双机器人双弧立焊系统：
第十六次全国焊接学术会议，中国江苏镇江，2011［C］.

［73］YANG C，ZHONG J，CHEN Y，et al. The realization of no back chipping for thick plate welding
［J］. The International Journal of Advanced Manufacturing Technology，2014，74（1）：79-88.

［74］YANG C，ZHANG H，ZHONG J，et al. The effect of DSAW on preheating temperature in
welding thick plate of high-strength low-alloy steel［J］. The International Journal of Advanced
Manufacturing Technology，2014，71（1）：421-428.

［75］YANG C，YE Z，CHEN Y，et al. Multi-pass path planning for thick plate by DSAW based on
vision sensor［J］. Sensor Review，2014，34（4）：416-423.

［76］CHEN Y，YANG C，CHEN H，et al. Microstructure and mechanical properties of HSLA thick
plates welded by novel double-sided gas metal arc welding［J］. The International Journal of Advanced Manufacturing Technology，2015，78（1）：457-464.

［77］叶树棠，徐志峰，陈跃凤，等. 铝及铝合金双面氩弧立焊［J］. 焊接，1980（6）：35-37.

［78］冯曰海，周方明，蒋成禹. 双弧焊接工艺研究现状及发展［J］. 焊接，2002（01）：5-9.

［79］高立，谭业发，郝胜强，等. 双面双弧焊接技术研究现状［J］. 热加工工艺，2012，41
（3）：157-159.

［80］徐禾水. 双人同步 TIG 立焊新技术［J］. 焊接技术，1997（01）：29-30.

［81］房茂义. 双人双面同步钨极氩弧焊的应用［J］. 焊接，2000（9）：36-37.

[82] 赵妍，陆元柱，张其枢，等. 双人同步 TIG 焊在大型艺术制像工程中的应用[J]. 航天制造技术，2005(1)：38-42.

[83] 倪红兵，钱有明. 制氧机接塔双面同步 TIG 焊工艺[J]. 焊接，2008(01)：61-63.

[84] 赵忠义，高芹，姜安周，等. SUS304 奥氏体不锈钢双人双面同步钨极氩弧焊[J]. 电焊机，2008，38(11)：46-48.

[85] 周礼新. 小直径低温铝合金管道双人双面立焊工艺[J]. 电焊机，2009，39(12)：98-101.

[86] 牛连山. 双弧双面同步手工钨极氩弧焊根焊工艺[J]. 焊接技术，2010(S1)：65-67.

[87] 林三宝，范成磊，杨春利. 高效焊接方法[M]. 北京：机械工业出版社，2011.

[88] DUPONT J N, MARDER A R. Thermal efficiency of arc welding processes[J]. Welding Journal, 1995, 74(12).

[89] ZHAO L, TIAN Z L, PENG Y. Control of nitrogen content and porosity in gas tungsten arc welding of high nitrogen steel[J]. 2009, 14(1)：87-92.

[90] 沈龙海，类伟巍，崔启良. 金属氮化物纳米材料的制备、物性及高压相变[M]. 北京：北京交通大学出版社，2014.

[91] MOCHIZUKI M, AN G B, TOYODA M. Active In-Process Control of Welding Distortion by Reverse-Side Heating[J]. Key Engineering Materials, 2005, 297-300(12)：2784-2789.

[92] 杨乘东. 海洋钻井平台桩腿大厚板机器人双面双弧焊接智能化技术及系统[D]. 上海交通大学材料加工工程，2015.

[93] 蔡南武. 金属熔化焊基础[M]. 北京：化学工业出版社，2008.

[94] 杨武雄. 铝合金 T 形接头高亮度固体激光双光束焊接技术研究[D]. 北京工业大学光学工程，2014.

[95] 吴东升，华学明，叶定剑，等. 高速 GMAW 驼峰形成过程的数值分析[J]. 焊接学报，2016，37(10)：5-8.

[96] NGUYEN T C, WECKMAN D C, JOHNSON D A, et al. The humping phenomenon during high speed gas metal arc welding[J]. Science and Technology of Welding and Joining, 2013, 10(4)：447-459.

[97] 黄勇. 铝合金活性 TIG 焊接法及其熔深增加机理的研究[D]. 兰州理工大学，2007.

[98] HU B, den OUDEN G. Synergetic effects of hybrid laser/arc welding[J]. Science and Technology of Welding and Joining, 2013, 10(4)：427-431.

[99] 武传松. 焊接热过程与熔池形态[M]. 北京：机械工业出版社，2008.

[100] 高洪明. 双面电弧焊接熔池温度场与流场数值模拟及其机理探讨[D]. 哈尔滨工业大学材料加工工程，2001.

[101] 郭学锋. 材料成形原理[M]. 徐州：中国矿业大学出版社，2013.

[102] HO K C, LIN J, DEAN T A. Constitutive modelling of primary creep for age forming an aluminium alloy[J]. Journal of Materials Processing Tech, 2004, 153-154(1): 122-127.

[103] 林小娉. 材料成形原理[M]. 北京: 化学工业出版社, 2010.

[104] 毛裕文. 冶金熔体[M]. 北京: 冶金工业出版社, 1994.

[105] 杨战利, 张善保, 杨永波, 等. 粗丝高速 MAG 焊驼峰焊道形成机理研究: 第十六次全国焊接学术会议论文摘要集[C]. 2011.

[106] 单平, 易小林, 胡绳荪, 等. 穿孔等离子弧焊接中等离子云的检测[J]. 焊接学报, 2003, 24(2): 19-21, 26.

[107] 卢亚静, 胡绳荪, 易小林, 等. 小孔等离子弧焊接中小孔状态的传感技术研究[J]. 电焊机, 2004(02): 36-39.

[108] LU S, DONG W, LI D, et al. Numerical study and comparisons of gas tungsten arc properties between argon and nitrogen[J]. Computational Materials Science, 2009, 45(2): 327-335.

[109] WANG J, SUN Q, FENG J, et al. Characteristics of welding and arc pressure in TIG narrow gap welding using novel magnetic arc oscillation[J]. The International Journal of Advanced Manufacturing Technology, 2017, 90(1-4): 413-420.

[110] 黄石生. 焊接方法与过程控制基础[M]. 北京: 机械工业出版社, 2014.

[111] DEBROY T, DAVID S A. Physical processes in fusion welding[J]. Review of Modern Physics, 2008, 67(1): 85-112.

[112] 刘安华. 高低频脉冲耦合振荡对铝合金 DP-GMAW 焊缝成形的影响机制研究[D]. 上海交通大学, 2014.

[113] TANAKA M, TERASAKI H, USHIO M, et al. Numerical Study of a Free-Burning Argon Arc with Anode Melting[J]. Plasma Chemistry & Plasma Processing, 2003, 23(3): 585-606.

[114] CAI X Y, FAN C L, LIN S B, et al. Molten pool behaviors and weld forming characteristics of all-position tandem narrow gap GMAW[J]. The International Journal of Advanced Manufacturing Technology, 2016, 87(5-8): 2437-2444.

[115] 汪兴均, 黄文荣, 魏齐龙, 等. 电子束焊接 5A06 铝合金接头 Mg 元素蒸发烧损行为分析[J]. 焊接学报, 2006(11): 61-64.

[116] 张宏圭, 金湘中, 陈根余, 等. 光纤激光焊接 5052 铝合金镁元素烧损研究[J]. 激光技术, 2012(06): 713-718.

[117] 汪兴均, 黄文荣, 魏齐龙, 等. 5A06 铝合金电子束焊接中镁元素的烧损行为[J]. 机械工程材料, 2006(12): 29-32.

[118] 李仲华. 搅拌摩擦焊接 5083 铝合金焊缝组织与性能研究[D]. 广东工业大学, 2011.

[119] 李飞, 孔晓芳, 吴世凯, 等. 5083 铝合金光纤激光-TIG 复合焊接工艺研究[J]. 强激光

与粒子束, 2014, 26(3): 306-310.

[120] SHANKAR V, GILL T P S, MANNAN S L, et al. Effect of nitrogen addition on microstructure and fusion zone cracking in type 316L stainless steel weld metals[J]. Materials Science and Engineering: A, 2003, 343(1-2): 170-181.

[121] FRANKE M M, HILBINGER R M, KONRAD C H, et al. Numerical Determination of Secondary Dendrite Arm Spacing for IN738LC Investment Castings[J]. Metallurgical and Materials Transactions A, 2011, 42(7): 1847-1853.

[122] SOUZA E N D, CHEUNG N, GARCIA A. The correlation between thermal variables and secondary dendrite arm spacing during solidification of horizontal cylinders of Sn – Pb alloys[J]. Journal of Alloys and Compounds, 2005, 399(1-2): 110-117.

[123] HALL E O. The Deformation and Ageing of Mild Steel: III Discussion of Results[J]. Proceedings of the Physical Society, 1951, 643(9): 747-752.

[124] PETCH N J. The Cleavage Strength Of Polycrystals[J]. J Iron Steel Inst, 1953, 173(1): 25-28.

[125] CHOI I C, KIM Y J, WANG Y M, et al. Nanoindentation behavior of nanotwinned Cu: Influence of indenter angle on hardness, strain rate sensitivity and activation volume[J]. Acta Materialia, 2013, 61(19): 7313-7323.

[126] SUN Q, DI H, LI J, et al. A comparative study of the microstructure and properties of 800 MPa microalloyed C-Mn steel welded joints by laser and gas metal arc welding[J]. Materials Science and Engineering: A, 2016, 669: 150-158.